MARTIN GARDNER

Mathematische Rätsel und Probleme

Mit einem Vorwort von
Prof. Dr. *Roland Sprague*

3. Auflage

Mit 89 Abbildungen

FRIEDR. VIEWEG + SOHN
BRAUNSCHWEIG

Autorisierte Übersetzung: *Patrick P. Weidhaas,* Oakland, California

Titel der Originalausgabe:

Mathematical Puzzles and Diversions from "Scientific American"

erschienen bei

Simon and Schuster, New York, N.Y.

ISBN 3 528 0**8175** 9

Verlagsredaktion: *Alfred Schubert*

Nachdruck 1975

Druck: Alsterdruck, Hamburg

Printed in Germany

Inhaltsverzeichnis

Einleitung V
Die Zaubermatrix 1
Acht Probleme 6
Paradoxien der Wahrscheinlichkeit 13
Das Ikosaeder-Spiel und der Turm von Hanoi 19
Ungewöhnliche topologische Modelle 25
Das Spiel Hex 33
Sam Loyd: Amerikas größter Rätselerfinder 40
Neun Probleme 49
Nim und Tac Tix 61
Henry Ernest Dudeney: Englands größter Rätselerfinder ... 70
Digitale Reste 78
Neunerreste 78
Der Soma-Würfel 94
Unterhaltsame Topologie 105
Der Affe und die Kokosnüsse 113
Irrgärten 119
Unterhaltsame Logik 125
Neun weitere Probleme 133
Wahrscheinlichkeit und Mehrdeutigkeit 142
Literaturverzeichnis 152

Einleitung

Der Begriff des Spieles, der die Unterhaltungsmathematik erst unterhaltsam gestaltet, äußert sich in vielen Formen: ein Rätsel, das gelöst werden soll, ein Zweipersonenspiel, ein magischer Trick, ein Paradoxon, Trugschlüsse oder ganz einfach Mathematik mit überraschenden und amüsanten Beigaben. Gehören diese Beispiele nun zur reinen oder angewandten Mathematik? Es ist schwer zu sagen. Einerseits ist Unterhaltungsmathematik reine Mathematik, unbeeinflußt von der Frage nach den Anwendungsmöglichkeiten. Andererseits ist sie aber auch angewandte Mathematik, denn sie entstand aus dem allgemeinen menschlichen Hang zum Spiel.

Vielleicht steht dieser Hang zum Spiel aber auch hinter der reinen Mathematik. Besteht doch kein wesentlicher Unterschied zwischen dem Triumph eines Laien, der eine „harte Nuß geknackt hat" und der Befriedigung, die ein Mathematiker empfindet, wenn er ein höheres Problem gelöst hat. Beide blicken auf die reine Schönheit — diese klare, exakt definiert, geheimnisvolle und überwältigende Ordnung, die jeder Struktur zugrunde liegt. Es ist daher nicht verwunderlich, daß es oft äußerst schwierig ist, die reine Mathematik von der Unterhaltungsmathematik zu unterscheiden.

Das Vierfarbenproblem[1] beispielsweise ist ein wichtiges bisher ungelöstes Problem der Topologie und doch findet man Diskussionen über dieses Problem in vielen unterhaltungsmathematischen Büchern.

Mathematiker schämen sich selten ihres Interesses an unterhaltsamer Mathematik. Beispielsweise hatte die Topologie ihren Ursprung in *Eulers* Untersuchung einer Aufgabe mit Brückenüberschreitungen (siehe „Unterhaltsame Topologie"). *Leibniz* verbrachte beträchtliche Zeit mit dem Studium einer Aufgabe über Bewegungen von Figuren auf einem Brett, welche erst kürzlich unter dem Firmennamen *Test Your High-Q*[2] neu auf den Markt kam. *David Hilbert*, der große deutsche Mathematiker, bewies einen der grundlegenden Sätze aus dem Gebiet der Zusammensetzprobleme (s. „*Henry Ernest Dudeney*"). *A. M. Turing*,

---

[1] Das Vierfarbenproblem besagt, daß eine jede ebene Landkarte, die in beliebig viele zusammenhängende Gebiete (Staaten) aufgeteilt ist, mit vier Farben so gefärbt werden kann, daß je zwei benachbarte Staaten verschiedene Farben haben. Bewiesen ist, daß fünf Farben hierzu stets ausreichen. Auf dem Torus braucht man 7 Farben. (*Anm. d. Übers.*)

[2] In Deutschland unter dem Namen „Solitaire" bekannt. (*Anm. d. Übers.*)

ein Pionier in der modernen Elektronenrechner-Theorie, diskutierte *Sam Loyds* Fünfzehnerspiel (hier im Abschnitt „Sam Loyd" beschrieben) in einem Artikel über lösbare und unlösbare Probleme. Durch *Piet Hein* (dessen Spiel „Hex" hier auf S. 33 behandelt wird) erfuhr ich, daß er bei einem Besuch bei *Albert Einstein* eine Gruppe von unterhaltungsmathematischen Büchern auf dessen Bücherbrett entdeckte. Das Interesse dieser großen Köpfe an mathematischen Spielereien ist leicht zu erklären, denn das schöpferische Denken, das auf solche spielerischen Dinge verwandt wird, hat vieles gemein mit der Art des Denkens, die zu mathematischen und überhaupt zu wissenschaftlichen Erkenntnissen führt. Was ist denn Mathematik überhaupt anderes, als ein Lösen von Rätseln? Und was ist Wissenschaft, wenn nicht ein systematisches Vordringen, um immer bessere Antworten auf die Rätselfragen der Natur zu erhalten?

Der pädagogische Wert der Unterhaltungsmathematik ist heutzutage überall anerkannt. Man findet einen ständig wachsenden Anteil von Unterhaltungsmathematik in Zeitschriften, die für Mathematiklehrer gedacht sind, aber auch in neueren Lehrbüchern, besonders in solchen, die vom „modernen" Standpunkt aus geschrieben sind. Beispielsweise enthält das Buch „*Introduction to Finite Mathematics*" [87] von *J. G. Kemeny*, *J. Laurie Snell* und *Gerald L. Thompson* sehr viel Unterhaltungsstoff. Solche Dinge sprechen das Interesse der Studenten an, wie wenig anderes.

In einem Artikel über „The Psychology of Puzzle Crazes" [47] beklagte sich der große englische Rätselerfinder *Henry Ernest Dudeney* über zwei Dinge. Die unterhaltungsmathematische Literatur, so sagte er, wiederholt sich ständig und der Mangel eines vollständigen Kataloges zwingt Enthusiasten dazu, ihre Zeit an Probleme zu verschwenden, mit denen man sich schon lange vorher beschäftigt hatte. Ich bin in der glücklichen Lage, festzustellen, daß man diesem Mangel endlich beigekommen ist. Professor *William L. Schaaf* vom Brooklyn College hat nämlich eine ausgezeichnete 143 Seiten lange Liste mit dem Titel „Recreational Mathematics" aufgestellt, die beim National Council of Teachers of Mathematics (1201 Sixteenth Street, N. W., Washington 6, D.C.) erworben werden kann. Eine neue Auflage wurde 1958 gedruckt. Was *Dudeneys* andere Klage betrifft, so fürchte ich, daß sie auch noch auf heutige Bücher dieses Gebietes, dieses Buch eingeschlossen, zutrifft. Allerdings glaube ich, daß der Leser hier mehr unbekannten Stoff als gewöhnlich vorfinden wird, der bisher noch nicht in anderen Büchern veröffentlicht wurde.

Meinen Dank möchte ich *Gerard Piel*, Herausgeber des *Scientific American* und *Dennis Flanagan*, Redakteur dieser Zeitschrift, für das

Vorrecht aussprechen, regelmäßig in der ausgezeichneten Gesellschaft ihrer Mitarbeiter erscheinen zu dürfen, ferner für die Erlaubnis, meine Bemühungen im vorliegenden Buche abzudrucken. Weiter danke ich den tausenden von Lesern aus allen Teilen der Welt, die sich die Mühe gemacht haben, mich auf Fehler (leider allzuviele) aufmerksam zu machen und von denen ich wertvolle Ratschläge erhalten habe. In einigen Fällen wurde dieses willkommene Material in die Artikel selbst aufgenommen, aber in der Mehrzahl findet man es in einem Anhang am Ende eines jeden Kapitels zusammengefaßt. Die Lösungen zu den Problemen befinden sich (soweit notwendig) ebenfalls am Ende des jeweiligen Kapitels. Ein ausgewähltes Literaturverzeichnis ist am Ende des Buches aufgeführt.

Ich möchte nicht vergessen, meiner Frau zu danken, nicht nur für ihr Durchlesen des Manuskripts, sondern auch für ihre Geduld, die sie in solchen Augenblicken mathematischer Meditation zeigte, wenn ich nicht hörte, was sie sagte.

Martin Gardner

Zur deutschen Ausgabe

Gardners zweibändiges Buch über mathematische Rätsel und Unterhaltungen ist in Amerika weithin bekannt. Seine Entstehung aus Beiträgen zu einer Zeitschrift unterscheidet es von Veröffentlichungen mit ähnlichen Zielen in anderen Ländern: Zahlreiche Mitglieder der großen Gemeinde von Freunden der Unterhaltungsmathematik werden mit Namen genannt und kommen ausführlich zu Worte.

Die hier getroffene Auswahl für deutsche Leser enthält nicht solche Probleme, die in Deutschland schon vorzügliche Darstellungen gefunden haben, wie z. B. die Frage der Zerlegung von Rechtecken in lauter verschieden große Quadrate (in Meschkowskis Buch „Ungelöste und unlösbare Probleme der Geometrie"), andererseits aber doch das schon oft behandelte Spiel Nim, das durch Automaten auf Ausstellungen und durch den Film „Letztes Jahr in Marienbad" vielfach Interesse gewonnen hat.

Jede Auswahl mag willkürlich sein, diese ist jedenfalls dann gerechtfertigt, wenn sie den Charme des Ganzen spüren läßt.

Januar 1964 *R. Sprague*

Die Zaubermatrix

Magische Quadrate haben Mathematiker seit mehr als zweitausend Jahren in ihren Bann gezogen. In ihrer traditionellen Form sind diese Quadrate so angelegt, daß die Zahlen in jeder Zeile, in jeder Spalte und in jeder Diagonale bei Addition dieselbe Summe ergeben. Ein völlig anderer Typ eines magischen Quadrates ist jedoch in Abb. 1

19	8	11	25	7
12	1	4	18	0
16	5	8	22	4
21	10	13	27	9
14	3	6	20	2

Abb. 1

dargestellt. Dieses Quadrat scheint ohne jedes System aufgebaut zu sein: die Zahlen sind anscheinend völlig wahllos verteilt. Und doch besitzt dieses Quadrat eine magische Eigenschaft, die für die meisten Mathematiker genauso erstaunlich ist, wie für den Laien.

Um diese Eigenschaft gut demonstrieren zu können, rüste man sich mit fünf Münzen und zwanzig kleinen Papierquadraten (in der Größe eines Feldes der Matrix) aus. Nun bitte man jemanden, auf eine Zahl des Quadrates zu deuten. Diese Zahl bedecke man mit einer der Münzen und eliminiere alle anderen Zahlen in derselben Zeile und Spalte, indem man sie mit Papiermarken verdeckt.

Der Zuschauer möge nun auf eine zweite Zahl, die noch nicht verdeckt ist, zeigen. Wie zuvor lege man eine Münze auf diese Zahl und bedecke alle Zahlen in derselben Zeile und Spalte mit Papiermarken. Dies wiederhole man noch zweimal. Es bleibt dann ein unbedecktes Feld übrig, welches man mit der fünften Münze bedeckt. Addiert man nun die fünf Zahlen unter den Münzen, die offenbar ganz willkürlich gewählt wurden, so ist die Summe 57. Dies ist kein Zufall. Die gleiche Summe hätte sich bei jeder anderen Wiederholung des Tricks ergeben.

Hast du eine Freude daran, mathematische Rätsel zu lösen, dann kannst du an dieser Stelle anhalten und das Quadrat untersuchen. Vielleicht entdeckst du sein Geheimnis selber.
Wie die meisten Tricks, so ist auch dieser äußerst einfach, wenn er erklärt wird. Das Quadrat stellt nichts weiter dar, als eine altmodische Additionstafel, die nur etwas eigenartig angelegt ist. Die Tafel wird durch zwei Mengen von Zahlen erzeugt: 12, 1, 4, 18, 0 und 7, 0, 4, 9, 2. Die Summe dieser zehn Zahlen ist 57. Schreibt man die ersten fünf Zahlen waagerecht über die oberste Zeile des Quadrats und die anderen fünf Zahlen senkrecht vor die erste Spalte (Abb. 2), so sieht man sofort,

	12	1	4	18	0
7	19	8	11	25	7
0	12	1	4	18	0
4	16	5	8	22	4
9	21	10	13	27	9
2	14	3	6	20	2

Abb. 2

wie sich die Zahlen in den Feldern des Quadrates ergeben. Die Zahl im ersten Feld (erste Zeile und erste Spalte) ist die Summe von 12 und 7, und so weiter.
Man kann ein magisches Quadrat dieser Art in jeder beliebigen Größe und mit jeder beliebigen Kombination von Zahlen aufstellen. Es ist *völlig* belanglos, wieviel Felder das Quadrat enthält und aus welchen Zahlen es erzeugt wird. Es können positive oder negative, ganze oder gebrochene, rationale oder irrationale Zahlen sein. Das resultierende Quadrat wird stets die magische Eigenschaft besitzen, daß man durch die oben beschriebene Prozedur auf eine Zahl stößt, die genau die Summe derjenigen Zahlen ist, aus denen das Quadrat hervorgegangen ist. In unserem Beispiel könnte man die Zahl 57 auch in acht Zahlen aufspalten, welche ebenfalls 57 als Summe ergeben.
Das dem Trick zugrunde liegende Prinzip ist nun leicht erkennbar. Jede Zahl im Quadrat stellt die Summe zweier Zahlen aus den beiden erzeugenden Zahlenmengen dar. Dieses spezielle Zahlenpaar wird eliminiert, indem eine Münze auf die ausgewählte Zahl gelegt wird. Aufgrund der Eliminierung von Zeilen und Spalten muß jede Münze in einer anderen Zeile und Spalte liegen. Die fünf Münzen bedecken daher die Summen von fünf verschiedenen Paaren der zehn erzeugenden Zahlen, was dasselbe wie die Summe dieser zehn Zahlen ist.

Ein sehr einfacher Weg, eine Additionstafel als quadratische Matrix zu konstruieren, besteht darin, mit 1 in der linken oberen Ecke zu beginnen und dann von links nach rechts die folgenden Zahlen ihrer Größe nach anzureihen. Eine viermal-vier-Matrix dieser Art wird dann zu einer Additionstafel für die beiden erzeugenden Zahlenmengen 1, 2, 3, 4 und 0, 4, 8, 12 (Abb. 3). Diese Matrix führt dann stets auf die Zahl 34.

	1	2	3	4
0	1	2	3	4
4	5	6	7	8
8	9	10	11	12
12	13	14	15	16

Abb. 3

Die spezielle Zahl, die sich jeweils ergibt, ist natürlich eine Funktion der Größe des Quadrats. Ist *n* die Zahl der Felder auf einer Seite, dann berechnet sich die spezifische Zahl zu

$$\frac{n^3 + n}{2}$$

Im Falle eines Quadrats mit einer ungeraden Zahl von Seitenfeldern ist die spezifische Zahl gerade gleich dem Produkt von *n* und der Zahl im mittleren Feld.

Beginnt man im linken oberen Feld mit einer Zahl grösser als 1 (etwa *a*) und fährt man in natürlicher Reihenfolge fort, so wird die spezifische Zahl

$$\frac{n^3 + n}{2} + n\,(a - 1) \text{ sein.}$$

Es ist bemerkenswert, daß die spezifische Zahl auch die Summe der Zeilen und Spalten eines traditionellen magischen Quadrats bildet, welches aus denselben Zahlen erzeugt wird.

Aus der zweiten Formel läßt sich leicht die Zahl in der linken oberen Ecke für jede Matrix beliebiger Größe mit beliebiger spezifischer Zahl berechnen. Es ist recht eindrucksvoll, jemanden zu bitten, eine Zahl über 30 zu nennen (um negative Zahlen in der Matrix zu vermeiden) und dann schnell eine vier-mal-vier-Matrix aufzuschreiben, die dann stets auf die genannte Zahl führt. (Statt Münzen zu verwenden, kann man schneller vorangehen, indem man den Zuschauer Kreise um die vier ausgewählten Zahlen malen läßt und dann die jeweiligen Zeilen und Spalten durchstreicht). Die einzige Rechnung, die vorgenommen werden muß (sie läßt sich im Kopf durchführen) besteht darin, 30 von der genannten Zahl zu subtrahieren und das Ergebnis durch 4 zu teilen. Nennt ein Zuschauer beispielsweise 43, dann ergibt sich nach Subtraktion von 30 die Zahl 13. 13 dividiert durch 4 ergibt $3^{1}/_{4}$. Setzt man nun $3^{1}/_{4}$ in das erste (linke obere) Feld der vier-mal-vier-Matrix ein und ergänzt in natürlicher Reihenfolge $4^{1}/_{4}$, $5^{1}/_{4}$, ..., dann erhält man ein magisches Quadrat, welches stets zur Zahl 43 führt.

Um das Quadrat noch geheimnisvoller zu gestalten, kann man die Reihenfolge der Zahlen ändern. Beispielsweise könnte man $3^{1}/_{4}$ in einem Feld in der dritten Zeile unterbringen (Abb. 4) und die folgenden drei Zahlen $4^{1}/_{4}$, $5^{1}/_{4}$ und $6^{1}/_{4}$ könnte man in dieser Zeile wahllos verteilen. Die nächsten vier Zahlen kann man dann in eine beliebige andere Zeile schreiben, allerdings muß dieselbe Reihenfolge der Felder wie vorher eingehalten werden. Das gleiche wiederhole man noch mit den übrigen zwei Zeilen. Das Resultat sieht dann etwa wie das Quadrat in Abb. 5 aus.

		3¼	

Abb. 4

16¼	18¼	15¼	17¼
8¼	10¼	7¼	9¼
4¼	6¼	3¼	5¼
12¼	14¼	11¼	13¼

Abb. 5

Will man Brüche vermeiden und trotzdem auf die Zahl 43 geführt werden, so kann man die $^{1}/_{4}$ hinter jeder Zahl des Quadrates weglassen und zu jeder der vier größten Zahlen 1 addieren, so daß man also 16, 17, 18 und 19 erhält. Ganz entsprechend würde man zu den vier nächsten Zahlen 2 addieren, wenn die Brüche $^{2}/_{4}$, 3 wenn sie $^{3}/_{4}$ lauten würden. Umordnungen der Reihenfolge in den Zeilen oder Spalten haben also keinen Einfluß auf die magische Eigenschaft der Matrix und durch die eben beschriebene Methode erreicht man, daß die Matrix wesentlich mysteriöser erscheint, als sie in Wirklichkeit ist.

Multiplikationstafeln können ebenfalls verwendet werden, um zu einer bestimmten Zahl zu gelangen. In diesem Falle müssen die ausgewählten Zahlen nur miteinander multipliziert werden. Das Produkt ist dann gleich dem Produkt der die Matrix erzeugenden Zahlen.

Ich war nicht in der Lage, herauszufinden, wer als erster diese hübsche Eigenschaft der Additions- und Multiplikationstafeln zu einem Trick verwandte. Ein Kunststück mit numerierten Karten, das auf dem obigen Prinzip basiert, wurde von *Maurice Kraitchik* in seinem Buch „*Mathematical Recreations*" [5] auf der Seite 184 veröffentlicht. Dies war die erste Beschreibung des Prinzips, die ich finden konnte. Seit 1942, als dieses Buch erschien, haben verschiedene mathematisch interessierte Personen Variationen des obigen Tricks erfunden. Beispielsweise entdeckte *Mel Stover* aus Winnipeg, daß eine jede quadratische Anordnung von 16 Zahlen einer beliebigen Seite eines Monatskalenders eine Additionstafel darstellt, welche eine Zahl liefert, die genau doppelt so groß ist, wie die Summe der zwei Zahlen in den jeweils diagonal gegenüberliegenden Ecken.

Auch das Kartenspiel eröffnet viele interessante Möglichkeiten. Ist es zum Beispiel möglich, einen Stoß Karten so anzuordnen, daß er beliebig abgehoben werden kann und daß eine quadratische Anordnung der Karten aus dem abgehobenen Haufen jedesmal zur selben Zahl führt? Das Prinzip ist noch verhältnismäßig wenig untersucht worden und mag zur Entdeckung von vielen seltsamen Variationen führen.

Stewart James, ein Magiker aus Courtright, Ontario, entwickelte eine neue Variante des magischen Quadrates, bei der man jedes gewünschte Wort erzielen kann. Nehmen wir einmal an, wir wollen auf das Wort J A M E S kommen. Wir bilden ein Quadrat von 25 Kärtchen, deren verdeckte Seiten (die allen, außer dem Vorführer unbekannt sind) die folgenden Buchstaben tragen:

J A M E S
J A M E S
J A M E S
J A M E S
J A M E S

Jemand wird gebeten, eine der Karten auszuwählen, indem er ihre Rückseite berührt. Diese Karte wird beiseite gelegt, ohne ihre Vorderseite zu zeigen, und alle Karten in derselben Zeile und Spalte werden entfernt. Dieser Vorgang wird noch dreimal wiederholt und dann wird die eine verbliebene Karte zu den anderen vier ausgesuchten Karten gelegt. Diese fünf Karten werden nun umgedreht und so aneinandergereiht, daß sie das Wort J A M E S ergeben.

Ein Leser schrieb, daß das magische Quadrat sehr originell ist, wenn man es auf Geburtstagskarten für mathematisch interessierte Freunde aufzeichnet. Der Empfänger befolgt die aufgeschriebenen Instruktionen und wundert sich sehr, wenn er entdeckt, daß die Summe der von ihm ausgewählten Zahlen sein Alter ergibt.

Acht Probleme

1. Der zurückkehrende Forscher

Ein altes Rätsel lautet folgendermaßen: Ein Forscher marschiert eine Meile lang nach Süden, ändert dann seine Richtung und läuft eine Meile lang genau nach Osten, dreht sich erneut und wandert eine Meile lang nördlich. Sodann stellt er fest, daß er sich am selben Punkt befindet, von dem aus er aufgebrochen war. Er schießt einen Bär. Welche Farbe hat der Bär? Die sofortige Antwort ist: „Weiß!", denn der Forscher muß am Nordpol losmarschiert sein. Vor nicht allzulanger Zeit machte jedoch jemand die Entdeckung, daß der Nordpol nicht der einzige Punkt ist, der die genannten Bedingungen erfüllt! Kannst du dir einen anderen Ort auf der Erde denken, von dem aus man eine Meile nach Süden, anschließend eine Meile nach Osten und dann eine Meile nach Norden marschieren kann, um wieder am Ausgangspunkt anzukommen?

2. Das zerstückelte Schachbrett

Die Zubehörteile für dieses Problem sind ein Schachbrett und 32 Dominosteine. Jeder Stein hat genau die Grösse zweier benachbarter Felder des Brettes. Die 32 Steine bedecken also gerade alle 64 Felder. Wir

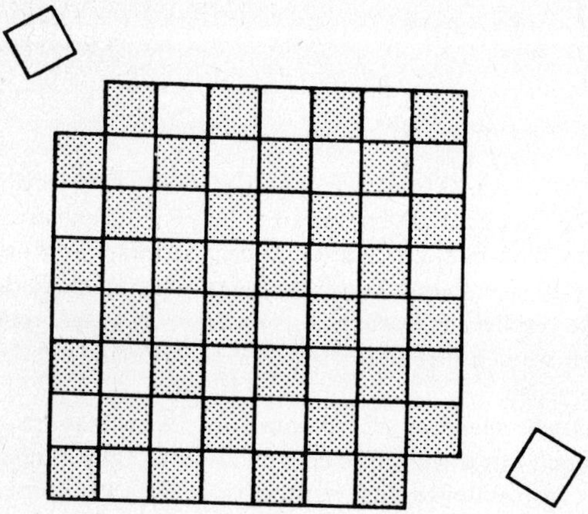

Abb. 6
Das zerstückelte Schachbrett

wollen nun annehmen, daß zwei diagonal gegenüberliegende Eckfelder vom Schachbrett abgetrennt werden (Abb. 6) und daß ein Dominostein entfernt wird. Ist es jetzt noch möglich, die 31 verbleibenden Steine auf dem Brett so anzuordnen, daß alle 62 Felder bedeckt werden? Ist dies möglich, dann zeige man, wie die Steine angeordnet werden müssen, im anderen Falle beweise man die Unmöglichkeit.

3. Die Wegverzweigung

Hier haben wir eine neue Version eines älteren logischen Problems vor uns. Ein Logiker, der durch die Südsee reist, befindet sich einmal auf einer Insel, die von zwei Stämmen bewohnt ist, deren einer nur lügt und deren anderer nur die Wahrheit sagt. Der Logiker gelangt nun zu einer Wegverzweigung und muß einen Eingeborenen fragen, welchen Weg er einschlagen muß, um zu einem Dorf zu gelangen. Er kann durch nichts feststellen, ob der Eingeborene vor ihm ein Lügner oder einer, der immer die Wahrheit sagt, ist. Der Logiker denkt einen Moment nach, dann stellt er genau *eine* Frage. Aus der Antwort kann er entnehmen, welchen Weg er wählen muß. Wie lautet die Frage?

4. Die vertauschten Schilder

Stelle dir vor, du hast drei Kästen vor dir, von denen der erste zwei weiße, der zweite zwei schwarze und der dritte eine weiße und eine schwarze Kugel enthält. Die Kästen haben je nach Inhalt Schilder mit der Aufschrift WW, SS, WS, aber jemand hat diese Schilder so vertauscht, daß jeder Kasten jetzt falsch beschriftet ist. Du hast nun die Erlaubnis, immer eine Kugel auf einmal aus einem beliebigen Kasten zu nehmen, ohne dabei in den Kasten zu blicken. Durch diesen Auswahlprozeß sollst du den Inhalt aller drei Kästen bestimmen. Welches ist die kleinste Anzahl von herausgegriffenen Kugeln, die du dazu brauchst?

5. Bronx gegen Brooklyn

Ein junger Mann wohnt in Manhattan in der Nähe einer Untergrundbahn-Station. Er hat zwei Freundinnen, eine in Brooklyn, eine in Bronx. Um das Mädchen in Brooklyn zu besuchen, muß er den Zug nach Süden, um die Freundin in Bronx zu besuchen, den Zug nach Norden vom selben Bahnsteig benutzen. Da er beide Mädchen gleich gerne hat, nimmt er einfach immer den Zug, der als erster in den Bahnhof einfährt. Auf diese Weise läßt er also den Zufall darüber entscheiden, ob er nach Brooklyn oder nach Bronx fährt. Der junge Mann erreicht jeden Sonnabend an einem ganz zufälligen Zeitpunkt den Bahnsteig. Die Brooklyn- und Bronx-Züge kommen auf der Station gleich oft an — alle 10 Minuten. Trotzdem verbringt unser Freund aus einem obskuren Grunde die meiste Zeit mit dem Mädchen in Brooklyn: tatsächlich fährt er im

Durchschnitt von 10 Nachmittagen an 9 Nachmittagen nach Brooklyn. Kannst du dir einen plausiblen Grund dafür denken, daß die Wahrscheinlichkeit ausgerechnet Brooklyn so bevorzugt?

6. Das Zersägen des Würfels

Ein Tischler, der mit einer Bandsäge arbeitet, möchte einen hölzernen Würfel von 3 Dezimeter Seitenlänge in 27 Würfel von 1 Dezimeter Seitenlänge zersägen. Er kann dies leicht bewerkstelligen, indem er 6 Schnitte durch den Würfel macht, wobei er die Stücke in ihrer Anordnung als Würfel zusammenhält (Abb. 7). Kann er die Zahl der notwen-

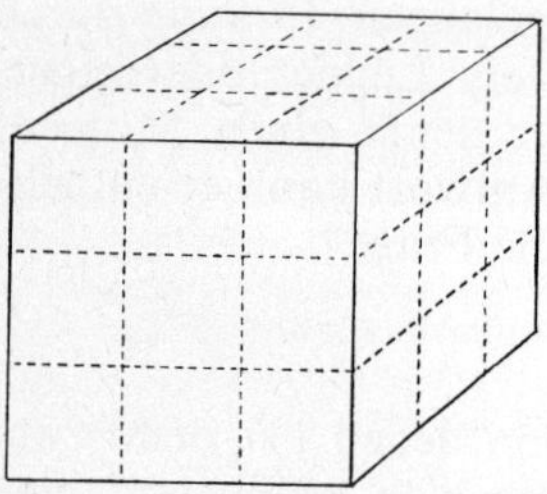

Abb. 7
Der zersägte Würfel

digen Schnitte reduzieren, wenn er die ausgesägten Teile nach jedem Schnitt neu anordnet?

7. Der frühe Heimkehrer

Ein Mann kommt jeden Nachmittag um genau 17 Uhr auf seinem Vorort-Bahnhof an. Seine Frau holt ihn stets mit dem Wagen ab und fährt ihn nach Hause. Eines Tages nimmt er einen früheren Zug und kommt bereits um 16 Uhr auf dem Bahnhof an. Da das Wetter sehr schön ist, beginnt er auf dem Wege, den er sonst immer mit seiner Frau fährt, nach Hause zu gehen, ohne sie zu benachrichtigen. Irgendwo auf dem Wege treffen sie sich. Er steigt in den Wagen und sie fahren heimwärts, wo sie genau 10 Minuten früher als sonst eintreffen. Unter der Voraussetzung, daß die Frau stets mit konstanter Geschwindigkeit fährt und an diesem Tage das Haus so verließ, daß sie gerade den 17 Uhr-Zug hätte erreichen müssen, wie lange ging der Mann, bevor er seine Frau traf?

8. Die gefälschten Münzen

In den letzten Jahren haben eine Anzahl von komplizierten Wägungsproblemen viel Interesse hervorgerufen. Hier ist nun eine neue und erstaunlich einfache Version. Man hat 10 Haufen von Münzen und jeder Haufen enthält 10 Markstücke (Abb. 8). Ein gesamter Haufen ist gefälscht, aber man weiß nicht, welcher. Man kennt das Gewicht eines echten Markstückes und man weiß auch, daß jede gefälschte Münze ein Gramm mehr als eine echte wiegt.

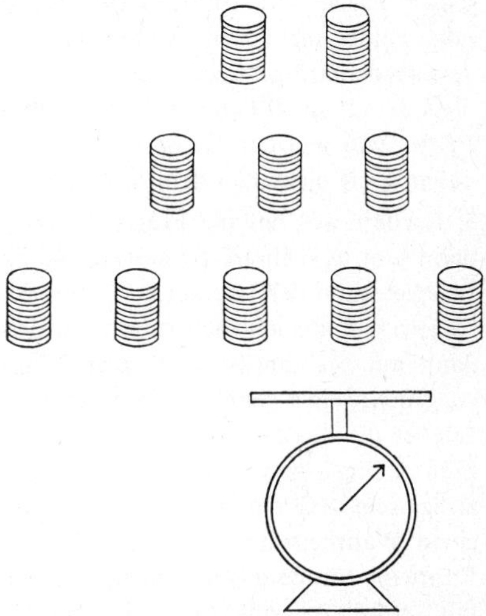

Abb. 8
Die gefälschten Münzen

Man darf die Münzen auf einer Neigungswaage wägen. Welches ist die kleinste Anzahl von Wägungen, die nötig ist, um zu ermitteln, welcher Haufen gefälscht ist?

Lösungen

1. Gibt es einen vom Nordpol verschiedenen Punkt, von dem aus man eine Meile südlich, eine Meile östlich und eine Meile nördlich wandern kann, um wieder zum Ausgangspunkt zurückzukehren? Natürlich; es gibt nicht nur einen, sondern unendlich viele Punkte! Man kann nämlich von jedem Punkt eines Kreises um den Südpol, der einen Abstand von etwas mehr als $1 + {}^1/_2\,\pi$ Meilen (ca. 1,16 Meilen) vom Pol hat, aufbrechen. Die Entfernung beträgt „etwas mehr", da die Krümmung der Erde mit einzuberechnen ist. Nachdem man eine Meile südlich marschiert ist, führt der nächste Marsch eine Meile östlich genau auf einem geschlossenen Kreis um den Südpol entlang, so daß der anschließende Marsch von einer Meile nach Norden einen wieder zum Ausgangspunkt zurückführt. Der Ausgangspunkt kann also jeder beliebige Punkt der unendlich vielen Punkte des Kreises mit dem Radius von 1,16 Meilen um den Südpol sein.

Man könnte auch von Punkten, die näher am Pol liegen, aufbrechen, so daß der Marsch nach Osten einen zwei- oder dreimal u.s.w. um den Pol führt.

2. Es ist unmöglich, das zerstückelte Schachbrett (mit den zwei diagonal gegenüberliegenden Eckfeldern abgeschnitten) mit 31 Dominosteinen zu bedecken, und der Beweis ist einfach zu erbringen. Die beiden abgeschnittenen Felder müssen von derselben Farbe sein. Infolgedessen besitzt das verbleibende zerstückelte Schachbrett zwei Felder mehr von der anderen Farbe. Jeder Dominostein bedeckt ferner zwei verschiedenfarbige Felder, da nur Felder von verschiedener Farbe benachbart sind. Nachdem man 60 Felder mit 30 Dominosteinen bedeckt hat, bleiben zwei unbedeckte Felder von gleicher Farbe übrig. Diese können nicht benachbart sein, lassen sich daher auch nicht von dem letzten Dominostein bedecken.

3. Fordern wir, daß die Frage nur durch „ja" oder „nein" beantwortet werden soll, dann gibt es mehrere Lösungen, die aber alle auf demselben Prinzip beruhen. Zum Beispiel kann der Logiker auf einen der beiden Wege deuten und den Eingeborenen fragen: „Wenn ich dich fragen würde, ob dieser Weg zum Dorf führt, würdest du dann mit ‚ja' antworten?" Der Eingeborene ist gezwungen, die richtige Antwort zu geben, selbst wenn er ein Lügner ist! Führt der Weg zum Dorf, dann würde der Lügner die direkte Frage mit „nein" beantworten, aber so wie die Frage gestellt ist, muß er lügen und seine Antwort würde daher „ja" lauten. Mithin kann der Logiker sicher sein, daß der Weg zum Dorf führt, ganz gleichgültig, ob er einen Lügner oder einen Wahrheitsliebenden vor sich hat.
Führt die Straße dagegen nicht zum Dorf, dann ist der Lügner ebenfalls gezwungen, mit „nein" zu antworten. Eine ähnliche Frage wäre: „Wenn ich einen Mann des anderen Stammes fragen würde, ob dieser Weg zum Dorf führt, würde er dann mit ‚ja' antworten?" Um die leichte Verwirrung, die aus einer Frage innerhalb einer anderen Frage resultiert, zu vermeiden, ist vielleicht die folgende Fragestellung (die von *Warren C. Haggstrom* aus Ann Harbor, Michigan vorgeschlagen wurde) die beste: „Ist von den beiden Aussagen ‚Du bist ein Lügner' und ‚Dieser Weg führt zum Dorf' eine und nur eine wahr?" Wieder besagt die Antwort „ja", daß es sich um den richtigen Weg handelt, während die Antwort „nein" den angedeuteten Weg als falsch charakterisiert, gleichgültig, ob der Befragte lügt oder die Wahrheit sagt. *Dennis Sciama*, Kosmologe an der Universität von Cambridge, und *John McCarthy* aus Hanover, New Hampshire, lenkten meine Aufmerksamkeit auf eine interessante zusätzliche Wendung des Problems:
„Nehmen wir an," so schrieb *McCarthy* (in einem Brief, der in *Scientific American* im April 1957 veröffentlicht wurde), „daß der Logiker weiß, daß ‚pish' und ‚tush' die Worte der Eingeborenen für ‚ja' und ‚nein' sind, daß er aber vergessen hat, welches Wort was bedeutet, wenn er auch sonst die Eingeborenensprache beherrscht. Er kann immer noch feststellen, welche Straße zum Dorf führt."

Er deutet auf einen Weg und fragt: „Wenn ich dich fragen würde, ob dieser Weg, auf den ich zeige, zum Dorf führt, würdest du dann mit ‚pish' antworten?" Antwortet der Eingeborene mit „pish", dann kann der Logiker daraus schliessen, daß die Straße, auf die er zeigte, tatsächlich zum Dorf führt, wenn er auch sonst im Dunkeln darüber ist, ob der Befragte gelogen oder die Wahrheit gesagt hat und ob „pish" „ja" oder „nein" bedeutet. Antwortet der Eingeborene mit „tush", dann kann der Logiker die entgegengesetzte Schlußfolgerung ziehen.

4. Du kannst den Inhalt aller Kästen bestimmen, indem du nur eine Kugel ziehst. Der Schlüssel zur Lösung ist deine Kenntnis, daß die Aufschriften auf *allen* drei Kästen falsch sind. Du mußt eine Kugel aus dem Kasten mit der Aufschrift „WS" ziehen.
Angenommen, die Kugel ist schwarz. Du weißt dann, daß die andere Kugel in diesem Kasten ebenfalls schwarz sein muß, im anderen Falle wäre die Aufschrift ja korrekt. Da du nun den Kasten mit den zwei schwarzen Kugeln kennst, kannst du sofort den Inhalt des Kastens mit der Aufschrift „WW" bestimmen: Du weißt, daß er nicht zwei weiße Kugeln enthält, denn die Aufschrift soll ja falsch sein; er kann auch nicht zwei schwarze Kugeln enthalten, denn diesen Kasten hast du bereits identifiziert. Der Kasten mit der Aufschrift „WW" muß also eine weiße und eine schwarze Kugel enthalten. Der dritte Kasten enthält dann die beiden weißen Kugeln. Das Problem wird durch genau den gleichen Gedankengang gelöst, wenn die aus dem Kasten mit der Aufschrift „WS" gezogene Kugel weiß ist.

5. Die Antwort zu diesem Rätsel ergibt sich einfach aus den Fahrplänen der Züge. Während die Brooklyn- und Bronx-Züge gleich oft alle 10 Minuten eintreffen, geschieht es, daß ihre Ankunftszeiten so gewählt sind, daß der nach Bronx fahrende Zug stets eine Minute später als der Zug nach Brooklyn eintrifft. Der Zug nach Bronx wird also immer nur dann als erster Zug eintreffen, wenn der junge Mann gerade in diesem Zeitintervall von 1 Minute auf dem Bahnsteig ankommt — d.h. während eines Zeitintervalls von 9 Minuten wird der Zug nach Brooklyn zuerst eintreffen. Da die Ankunftszeit des Mannes dem Zufall unterliegt, berechnet sich die Chance zu 9 : 1 für Brooklyn.

6. Es gibt keine Möglichkeit, die Zahl der Schnitte auf weniger als 6 zu reduzieren. Dies ist sofort einzusehen, wenn man beachtet, daß ein Würfel 6 Seitenflächen hat. Die Säge schneidet gerade durch den Würfel hindurch — jedesmal schneidet sie in einer Ebene. Um den 1 Dezimeter langen Mittelwürfel (denjenigen also, der keine mit dem großen Würfel zusammenfallende Seitenfläche hat) auszusägen, muß man offenbar die Säge sechsmal ansetzen.

Dieses Problem wurde von *Frank Hawthorne*, Leiter der Abteilung für mathematische Erziehung am Ministerium für Erziehung in Albany, New York, ausgedacht (siehe [6]). Würfel von der Größe $2 \cdot 2 \cdot 2$ und $3 \cdot 3 \cdot 3$ sind eindeutig in dem Sinne, daß unabhängig von der Anordnung der einzelnen ausgesägten Teile vor jedem weiteren Schnitt (vorausgesetzt, daß jeder Teil irgendwo zersägt wird) der erste Würfel 3 und der zweite 6 Schnitte erfordert, um Einheitswürfel zu erhalten.

Der $4 \cdot 4 \cdot 4$-Würfel erfordert 9 Schnitte, wenn die ausgesägten Teile in ihrer Würfelform zusammengehalten werden, aber durch geeignete Anordnung der Teile vor jedem neuen Schnitt kann die Zahl der Schnitte auf 6 verringert werden. Achtet man bei jeder Anordnung darauf, daß jeder Teil so weit es geht halbiert wird, dann gelangt man zur Minimalzahl. Allgemein ist die Minimalzahl von Schnitten bei einem $n \cdot n \cdot n$-Würfel $3k$, wobei k durch die Beziehung

$$2^k \geqq n > 2^{k-1}$$

bestimmt ist.

Dieses allgemeine Problem wurde von *L. R. Ford*, Jr. und *D. R. Fulkerson*, beide von der Rand Corporation, im August 1957 gestellt [7] und im März 1958 gelöst. Das Problem ist ein Spezialfall eines allgemeineren Problems (die Minimalzahl von Schnitten eines $a \cdot b \cdot c$-Quaders in Einheitswürfel), welches von *Leo Moser* von der Universität von Alberta gestellt wurde [8].

7. Der Mann ging 55 Minuten bevor er seine Frau traf. Da beide 10 Minuten früher als gewöhnlich zu Hause waren, muß die Frau 10 Minuten von ihrer Hin- und Rückfahrt zum Bahnhof gespart haben, also 5 Minuten von ihrer Fahrt zum Bahnhof. Hieraus folgt, daß sie ihren Mann fünf Minuten vor der üblichen Treffzeit um 17 Uhr traf, also um 16.55 Uhr.

Da er um vier Uhr zu gehen begann, ging er 55 Minuten lang. Die Laufgeschwindigkeit des Mannes, die Fahrgeschwindigkeit der Frau und die Entfernung zwischen Bahnhof und Haus sind für die Lösung des Problems unwichtig. Wer versucht hat, das Problem zu lösen, indem er Symbole für diese Variablen einsetzte, der wird gemerkt haben, daß das Problem dadurch nur erschwert wird.

8. Der gefälschte Haufen läßt sich durch eine einzige Wägung von Münzen ermitteln. Man entfernt eine Münze aus dem ersten Haufen, zwei Münzen aus dem zweiten, drei aus dem dritten und so weiter, bis man schließlich alle zehn Münzen aus dem zehnten Haufen entfernt. Auf der Waage wird dann die Menge der entfernten Münzen gewogen. Das Übergewicht dieser Menge von Münzen, in Gramm gemessen, entspricht der Zahl des gefälschten Haufens. Wiegt zum Beispiel die Menge der entfernten Münzen sieben Gramm mehr, als sie eigentlich wiegen sollte, dann muß der gefälschte Haufen der siebente sein, nämlich derjenige Haufen, aus dem sieben Münzen entfernt wurden (von denen jede ein Gramm mehr als eine echte Münze wiegt). Auch wenn wir einen elften Haufen mit zehn Münzen hätten, würde die eben beschriebene Methode zum Ziel führen, denn „kein Übergewicht" würde andeuten, daß der elfte Haufen der gefälschte sein muß.

Paradoxien der Wahrscheinlichkeit

Wahrscheinlichkeitsrechnung ist ein Gebiet der Mathematik, das äußerst reich an Paradoxien ist — Wahrheiten, die so stark dem gesunden Menschenverstand widersprechen, daß es schwer ist, ihnen Glauben zu schenken, selbst wenn man ihre Beweise kennt. Das Paradoxon der Geburtsdaten ist ein hervorragendes Beispiel. Wenn 24 Personen völlig wahllos ausgesucht werden, für wie groß würdest du die Wahrscheinlichkeit halten, daß zwei oder mehr von ihnen am gleichen Tage Geburtstag haben (also am selben Tage und im selben Monat des Jahres)? Gefühlsmäßig würdest du die Wahrscheinlichkeit für recht gering annehmen. Tatsächlich beträgt sie jedoch 27/50 oder mehr als 50%! *George Gamow* gibt in seinem Buch „Eins, Zwei, Drei — Unendlichkeit" [9] einen einfachen Weg an, um dieses erstaunliche Resultat zu beweisen. Die Wahrscheinlichkeit, daß die Geburtstage zweier beliebiger Personen *nicht* zusammenfallen, ist offenbar 364/365 (denn von 365 Möglichkeiten ist nur eine günstig, daß beide Geburtstage zusammenfallen). Die Wahrscheinlichkeit, daß der Geburtstag einer dritten Person von denen der beiden anderen abweicht, beträgt 363/365, bei einer vierten Person beträgt sie 362/365 usw., bis sie schließlich bei der 24. Person 342/365 beträgt. Wir erhalten so eine Folge von 23 Brüchen, die alle miteinander multipliziert werden müssen, um die Wahrscheinlichkeit dafür zu erhalten, daß alle 24 Geburtsdaten voneinander verschieden sind. Dieses Produkt beträgt nach Kürzung annähernd 23/50. Mit anderen Worten, würdest du wetten, daß von 24 Personen wenigstens zwei Personen am gleichen Tage Geburtstag haben, dann würdest du auf lange Sicht hin von 50 Wetten 23 verlieren und 27 gewinnen. (Diese Rechnung übergeht den 29. Februar und auch die Tatsache, daß Geburtstage sich auf bestimmte Monate konzentrieren; durch Einbeziehen des 29. Februars wird die Wahrscheinlichkeit verringert, durch die zweite Tatsache jedoch wieder erhöht).

Dieses Ergebnis ist so erstaunlich, daß ein wirkliches Experiment in einer Klasse oder bei einer Gesellschaft eine nette Unterhaltung darstellen würde. Sind mehr als 23 Menschen anwesend, dann kann jede Person ihren Geburtstag auf einen kleinen Zettel schreiben. Die Zettel werden eingesammelt und verglichen. Es ist dann wahrscheinlicher, daß zwei Daten sich gleichen, oft zum Erstaunen der beiden beteiligten Personen, die sich vielleicht schon jahrelang kannten. Glücklicherweise wird die Wahrscheinlichkeit in keiner Weise dadurch beeinflußt, daß eine Person ein falsches Datum angibt. Die Chance bleibt genau dieselbe. Eine noch einfachere Methode, dieses Paradoxon experimentell nachzuprüfen, besteht darin, sich die Geburtsdaten von 24 Personen aufzuschreiben, die man wahllos aus einem „Who's Who" oder einem anderen biographischen Buch entnommen hat. Natürlich wird die Wahrscheinlichkeit des Zusammenfallens zweier Geburtstage um so größer, je mehr Personen man auf ihre Geburtstage überprüft. Abb. 9 (aus

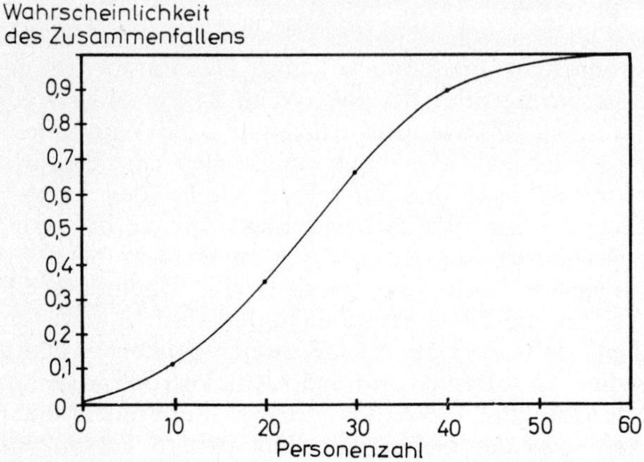

Abb. 9

William R. Ransoms „One Hundred Mathematical Curiosities", 1955) zeigt graphisch, wie die Wahrscheinlichkeitskurve bei einer wachsenden Zahl von Personen steigt. Die graphische Darstellung endet bei 60 Personen, denn darüber hinaus ist die Wahrscheinlichkeit fast Gewißheit, so daß man die Kurve nicht mehr von einer Geraden unterscheiden könnte. Man beachte, daß die Kurve steil ansteigt bis zu etwa 40 Personen, dann nimmt die Steigung ab, bis Gewißheit erreicht ist. Bei 100 Personen beträgt die Chance für eine siegreiche Wette ca. 3 300 000:1. Absolute Gewißheit wird natürlich erst erreicht, wenn 366 Personen beteiligt sind.

Eine gute Veranschaulichung des Paradoxons wird auch durch die Geburts- und Todesdaten der amerikanischen Präsidenten geliefert. Die Wahrscheinlichkeit eines Zusammenfallens beträgt in jedem Falle fast 75% (33 Geburtsdaten, 30 Todesdaten). So wurden zum Beispiel *Polk* und *Harding* am 2. November geboren und *drei* Präsidenten — *Jefferson*, *Adams* und *Monroe* — starben am 4. Juli.

Noch erstaunlicher ist vielleicht das Paradoxon des 2. Asses. Angenommen du spielst Bridge und gleich nach der Verteilung der Karten verkündest du: „Ich habe ein As". Jetzt kann die Wahrscheinlichkeit, daß du ein zweites As besitzt, genau berechnet werden. Sie beträgt,

5359/14498 also weniger als $^1/_2$. Nehmen wir aber einmal an, daß ein ganz bestimmtes As, etwa Pik As, angesagt werden soll. Das Spiel nimmt seinen Fortgang, bis du auf Grund deiner Karten sagen kannst: „Ich habe ein Pik As". Die Wahrscheinlichkeit, daß du nun noch ein zweites As besitzt, beträgt jetzt 11686/20825 oder etwas *mehr* als $^1/_2$! Weshalb beeinflußt das Ansagen der Farbe die Wahrscheinlichkeit?
Die wirkliche Berechnung der Chancen in beiden Fälle ist langwierig, aber das Paradoxon läßt sich leicht einsehen, wenn man nur vier Karten betrachtet: Pik As, Herz As, Kreuz Zwei und Karo Bube. Werden diese vier Karten gemischt und an zwei Spieler verteilt, dann gibt es genau 6 mögliche Kombinationen, die ein Spieler haben kann (Abb 10).

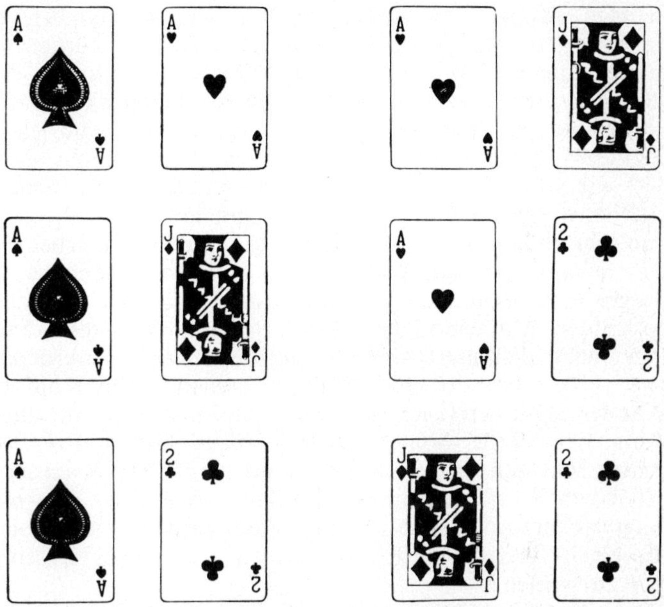

Abb. 10

Fünf dieser Kombinationen gestatten es dem Spieler, zu verkünden: „Ich habe ein As". Aber nur in einem dieser Fälle hat er ein zweites As. Die Wahrscheinlichkeit eines zweiten Asses ist also nur $^1/_5$. Andererseits gibt es nur drei Kombinationen, die dem Spieler erlauben, ein Pik As anzusagen. Eine dieser Kombinationen enthält noch ein zweites As, die Wahrscheinlichkeit eines zweiten Asses ist also in diesem Falle $^1/_3$.
Ein ähnliches Paradoxon ist das des zweiten Kindes. Herr Schmidt

sagt: „Ich habe zwei Kinder und wenigstens eines davon ist ein Junge." Welches ist die Wahrscheinlichkeit dafür, daß das andere Kind ebenfalls ein Junge ist? Man ist geneigt, $^1/_2$ zu sagen, bevor man die drei möglichen Kombinationen von gleichwahrscheinlichen Möglichkeiten aufschreibt — JJ, JM, MJ. Nur eine dieser Möglichkeiten ist JJ, die Wahrscheinlichkeit ist demnach nur $^1/_3$. Hätte Herr Schmidt gesagt, daß sein ältestes (oder sein größtes oder schwerstes, usw.) Kind ein Junge ist, dann ist die Situation eine völlig andere. Die Kombinationen sind nun auf JJ und JM beschränkt, so daß die Wahrscheinlichkeit dafür, daß das zweite Kind auch männlich ist, auf $^1/_2$ steigt. Wäre dies nicht der Fall, dann wären wir in der Lage, mit mehr als 50%-iger Wahrscheinlichkeit die Oberfläche einer verdeckten Münze vorauszusagen. Wir würden nämlich ganz einfach unsere eigene Münze werfen. Käme Kopf, dann würden wir folgendermaßen folgern: „Wir haben zwei Münzen vor uns und eine von ihnen (nämlich meine) zeigt Kopf. Die Wahrscheinlichkeit dafür, daß auch die andere (verdeckte) Kopf zeigt, ist $^1/_3$, also wette ich, daß die verdeckte Münze Wappen zeigt." Der Trugschluß beruht natürlich darauf, daß wir genau spezialisieren, *welche* Münze Kopf zeigt. Dies ist das gleiche, als wenn wir das älteste Kind mit dem Jungen identifizieren, und hierbei ändert sich ja, wie wir sahen die Wahrscheinlichkeit zu $^1/_2$.
Das bekannteste aller Wahrscheinlichkeitsparadoxien ist das St. Petersburger Paradoxon, welches zum ersten Male in einer Schrift von dem bekannten Mathematiker *Daniel Bernoulli* vor der Akademie in St. Petersburg diskutiert wurde. Angenommen ich werfe einen Pfennig und verspreche, dir eine Mark zu zahlen, wenn Kopf fällt. Kommt Wappen, dann werfe ich ein zweites Mal und zahle dir diesmal 2 Mark, wenn Kopf fällt. Sollte wieder Wappen fallen, dann werfe ich ein drittes Mal und zahle 4 Mark, wenn Kopf fällt. Kurz gesagt biete ich bei jedem Wurf die doppelte Zahlung an und ich bin verpflichtet, so lange weiterzuspielen, bis einmal Kopf fällt und ich zahlen muß. Was für einen Einsatz würdest du zahlen, um dieses einseitige Spiel mit mir zu spielen?
Die unglaubliche Antwort ist, daß du mir jede beliebige Summe, sagen wir 1 Million Mark, für jedes Spiel zahlen könntest und trotzdem erwarten könntest, siegreich hervorzugehen. Bei jedem einzelnen Spiel ist die Wahrscheinlichkeit $^1/_2$, eine Mark zu gewinnen, $^1/_4$ zwei Mark, $^1/_8$ vier Mark usw. zu gewinnen. Die Gesamtsumme, die du als Gewinn erwarten kannst, beträgt $1 \cdot {}^1/_2 + 2 \cdot {}^1/_4 + 4 \cdot {}^1/_8 + \ldots$
Die Summe dieser unendlichen Reihe ist aber unendlich. Das Resultat besagt also, daß du, gleichgültig welche endliche Summe du vor jedem Spiel einsetzen würdest, stets am Ende gewinnen würdest, wenn wir nur eine genügende Anzahl von Spielen machen. Vorausgesetzt ist,

daß ich über ein unbeschränktes Einsatzkapital verfüge und daß wir unbegrenzt viele Spiele spielen. Würdest du 1000,— DM Einsatz leisten, dann sind die Chancen hoch, daß du als Verlierer hervorgehst. Diese Erwartung wird aber bei weitem durch die, wenn auch kleine Chance aufgewogen, eine astronomische Summe nach einer langen ununterbrochenen Serie von Wappen zu gewinnen. Habe ich jedoch nur ein endliches Kapital zur Verfügung, was in der Praxis stets der Fall wäre, dann wäre der Gegeneinsatz für ein Spiel ebenfalls endlich. Das St. Petersburger Paradoxon ist in jedem Spielsystem mit „Verdopplung des Einsatzes" enthalten, und seine genaue Untersuchung führt in alle möglichen Arten von komplizierten Seitenwegen.

Carl G. Hempel, ein leitender Kopf der „logischen positivistischen" Schule, jetzt Professor für Philosophie an der Princeton University, entdeckte ein weiteres erstaunliches Wahrscheinlichkeitsparadoxon. Seit er es zum ersten Male 1937 in dem schwedischen Magazin „Theoria" erklärte, unterlag „Hempels Paradoxon" vielen Diskussionen von wissenschaftlichen Philosophen, denn es führt direkt in das Herz wissenschaflicher Methodik.

Wir wollen annehmen, so begann *Hempel*, daß ein Wissenschaftler die Hypothese „Alle Krähen sind schwarz" untersuchen will. Seine Forschungen beruhen darauf, so viele Krähen wie nur möglich auf ihre Farbe zu prüfen. Je mehr schwarze Krähen er entdeckt, umso wahrscheinlicher wird die Hypothese. Jede schwarze Krähe kann daher als „bekräftigender Punkt" der Hypothese angesehen werden. *Hempels* Paradoxon beseitigt schnell diese Illusion, denn man kann leicht mit glasklarer Logik beweisen, daß eine braune Kuh ebenfalls ein bekräftigender Punkt der Hypothese, daß alle Krähen schwarz sind, ist. Hier der Beweis:

Die Aussage „Alle Krähen sind schwarz" kann durch einen Prozeß, der in der Logik als „immediate Inferenz" bezeichnet wird, in die logisch äquivalente Aussage „Alle nicht-schwarzen Objekte sind keine Krähen" transformiert werden. Diese zweite Aussage ist identisch mit der ersten; sie ist nur eine andere Ausdrucksform der gleichen Tatsache. Offenbar muß jede Entdeckung eines Objektes, welches die zweite Aussage bekräftigt, auch die erste bestätigen.

Nehmen wir also an, daß der Wissenschaftler nach nicht-schwarzen Objekten Umschau hält, um die Hypothese, daß alle solche Objekte keine Krähen sind, zu bestätigen. Er stößt nun auf ein braunes Objekt. Nähere Untersuchung zeigt, daß es sich nicht um eine Krähe, sondern um eine Kuh handelt. Die braune Kuh ist offenbar ein bekräftigender Punkt für die Aussage „Alle nicht-schwarzen Objekte sind keine Krähen". Natürlich trifft dasselbe auch auf einen weißen Elefanten oder einen

roten Hering oder auf den grünen Schlips des Wissenschaftlers zu. Wie ein Philosoph kürzlich sagte, kann an einem regnerischen Tage ein Ornithologe die Farbe von Krähen untersuchen, ohne sich nasse Füße zu holen. Er braucht sich nämlich nur in seinem Zimmer umzusehen und nicht-schwarze Objekte zu notieren, die keine Krähen sind!
Wie in den vorigen Paradoxien scheint hier die Schwierigkeit nicht im falschen Denken, sondern in einer, wie Hempel sie bezeichnet, „irregeführten Intuition" zu liegen. Wir wollen uns dies an einem einfacheren Beispiel klarmachen. Eine Firma stellt eine große Anzahl von Sekretärinnen ein, von denen einige rotes Haar haben. Wir wollen nun die Hypothese testen, daß alle diese rothaarigen Mädchen verheiratet sind. Eine auf der Hand liegende Methode wäre, zu jeder rothaarigen Sekretärin zu gehen und sie zu fragen, ob sie einen Ehemann hat. Es gibt aber noch einen anderen und vielleicht besseren Weg. Wir besorgen uns nämlich beim Personalbüro eine Liste aller unverheirateten Sekretärinnen. Sodann besuchen wir alle auf der Liste aufgeführten Mädchen und prüfen ihre Haarfarbe. Hat keine von ihnen rotes Haar, dann ist unsere Hypothese vollauf bewiesen. Niemand würde bestreiten, daß die Tatsache, daß jede unverheiratete Sekretärin keine roten Haare hat, ein bekräftigender Punkt unserer Theorie wäre, daß alle rothaarigen Sekretärinnen der Firma verheiratet sind. Es bereitet uns wenig Schwierigkeit, diese Methode zu akzeptieren, da die Mengen, um die es hier geht, verhältnismäßig wenig Elemente haben. Versuchen wir jedoch festzustellen, ob alle Krähen schwarz sind, dann besteht ein äußerst unverhältnismäßiger Zusammenhang zwischen der Zahl aller Krähen auf der Erde und der Zahl aller nicht-schwarzen Objekte. Ein jeder wird mir dabei zustimmen, daß das Überprüfen von nicht-schwarzen Dingen ein sehr mühsamer Forschungsweg ist. Die zur Debatte stehende Frage ist wesentlich spitzfindiger — ob es sinnvoll ist, zu sagen, daß eine braune Kuh in irgendeiner Weise ein Beweismittel für die obige Hypothese ist. Wird die Wahrscheinlichkeit der Richtigkeit unserer Hypothese dadurch etwas vermehrt, wenigstens, wenn wir es mit endlichen Mengen zu tun haben (unendliche Mengen führen uns auf Abwege)? Einige Logiker glauben es. Andere sind sich nicht so sicher. Sie führen das Argument an, daß beispielsweise eine braune Kuh auf Grund des ganz analogen Gedankenganges ein Beweispunkt für die Hypothese „Alle Krähen sind weiß" wäre. Wie kann die Entdeckung eines Objektes die Wahrscheinlichkeit der Richtigkeit zweier sich widersprechender Aussagen erhöhen?

Man könnte geneigt sein, *Hempels* Paradoxon mit einem Lächeln abzutun. Man sollte jedoch daran denken, daß viele logische Paradoxien, die lange Zeit hindurch als triviale Kuriositäten angesehen wurden, später eine wichtige Rolle in der Entwicklung der modernen Logik spielten.

Das Ikosaeder-Spiel und der Turm von Hanoi

Für einen Mathematiker gibt es nur wenige Ereignisse, die ihn mehr aufregen könnten, als die Entdeckung, daß zwei scheinbar zusammenhanglose mathematische Strukturen in Wirklichkeit eng miteinander verbunden sind. Kürzlich machte *D. W. Crowe* [18] von der Universität von British Columbia solch eine Entdeckung, welche die beiden bekannten Spiele des 19. Jahrhunderts, das „Ikosaeder-Spiel" und den „Turm von Hanoi" betraf. Wir wollen zunächst beide Spiele beschreiben und dann ihren erstaunlichen Zusammenhang demonstrieren.
Das Ikosaeder-Spiel wurde um 1850 von dem glänzenden irischen Mathematiker *Sir William Rowan Hamilton* erfunden. Es war zu dem Zweck gedacht, eine eigenartige mathematische Disziplin zu illustrieren, die *Hamilton* entwickelt hatte und welche in vielerlei Beziehung sehr seiner berühmten Quaternionen-Theorie ähnelt (ein Vorläufer der modernen Vektor-Analysis).

Diese neue Rechnung konnte auf eine Anzahl von ungewöhnlichen Problemen auf den Oberflächen der fünf platonischen Körper, insbesondere des Ikosaeders und des Dodekaeders angewandt werden. *Hamilton* nannte sein Spiel das Ikosaeder-Spiel, obwohl das Spiel eigentlich auf den Ecken des Dodekaeders gespielt wird. Im Jahre 1859 verkaufte *Hamilton* das Spiel für 25 Pfund an einen Geschäftsmann in London; es wurde dann in verschiedenen Formen in England und auf dem Kontinent auf den Markt gebracht. Wie wir durch einen Biographen wissen, war dies das einzige Geld, welches *Hamilton* jemals direkt für eine Entdeckung oder eine Veröffentlichung empfing (s. [17]). *Hamilton* schlug eine Vielzahl von Rätseln und Spielen vor, die auf einem Dodekaeder gespielt werden können, aber das hauptsächliche Problem ist das Folgende: Man beginne an einer Ecke des Körpers (*Hamilton* gab jeder Ecke den Namen einer großen Stadt). Indem man stets auf den Kanten entlangreist, soll man eine vollständige „Fahrt um die Erde" machen, d. h. jede Ecke genau einmal berühren und zum Ausgangspunkt zurückkehren. Mit anderen Worten, der Weg soll eine geschlossene Linie längs der Kanten sein und genau einmal durch jeden Eckpunkt führen.

Stellen wir uns vor, daß die Oberfläche des Dodekaeders aus Gummi ist, dann können wir eine Seitenfläche heraustrennen und den verbleibenden Körper auseinanderdehnen, bis er in einer Ebene liegt. Die Kanten der Oberflächen werden dann das in Abb. 11 abgebildete Netzmuster aufweisen. Dieses Netz ist topologisch gesehen identisch mit dem Netz, welches das räumliche Dodekaeder aufweist, aber es läßt sich wesentlich einfacher behandeln. Der Leser mag nun versuchen, das Problem der „Rundreise“ auf diesem Netz zu lösen, indem er Spielmarken auf diejenigen Eckpunkte legt, die er bereits besucht hat.

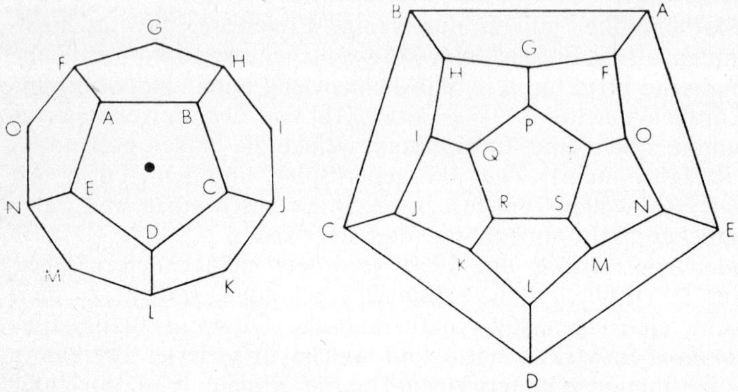

Abb. 11
Das Dodekaeder (links) wird durchstochen (Punkt) und flach auseinandergezogen (rechts). Das flache Gebilde, welches nicht maßstäblich zum Körper gezeichnet ist, ist topologisch äquivalent mit den Kanten des Körpers

Auf einem Dodekaeder mit unmarkierten Ecken gibt es nur zwei *Hamilton*sche Wege, die sich in ihrer Form unterscheiden; der eine ist das Spiegelbild des anderen. Werden jedoch die Ecken beschriftet und bezeichnen wir zwei Wege als „verschieden“, wenn sie die 20 Ecken in unterschiedlicher Anordnung berühren, dann gibt es 30 verschiedene Wege, wobei jedoch nicht diejenigen Wege mitgezählt sind, die nur gegenläufig sind. Ähnliche *Hamilton*sche Wege können auch auf den anderen vier platonischen Körpern und auf vielen, wenn auch nicht allen, halbsymmetrischen Polyedern gefunden werden.
Der bekannte Turm von Hanoi wurde von dem französischen Mathematiker *Edouard Lucas* erfunden und im Jahre 1883 als Spiel verkauft. Es trug ursprünglich den Namen von „Prof. *Claus*“ von der Universität von „Li-Sou-Stian“, aber diese Namen wurden bald als Anagramme für „Prof. *Lucas*“ von der Universität von „Saint Louis“ erkannt. Abb. 12 zeigt das Spiel wie es ursprünglich gedacht war. Das Problem besteht darin, den Turm der acht Scheiben auf einen der beiden freien Pflöcke zu transportieren, und zwar mit möglichst wenig Operationen, wobei eine Operation darin besteht, eine Scheibe auf einen anderen Pflock zu setzen und dabei niemals eine größere auf eine kleinere Scheibe zu legen.

Es ist nicht schwer zu zeigen, daß es eine allgemeine Lösung unabhängig von der Anzahl der Scheiben des Turms gibt, und daß die Mindestzahl von Operationen durch die Formel

$$2^n - 1 \text{ (n ist die Zahl der Scheiben)}$$

ausgedrückt wird. So können also drei Scheiben mit sieben Operationen, vier mit 15, fünf mit 31 usw. umgelegt werden. Für die acht Schei-

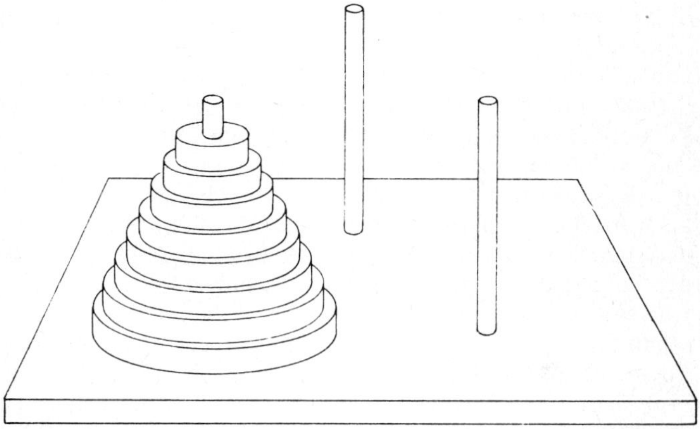

Abb. 12
Der Turm von Hanoi

ben benötigt man also 255 Operationen. Die Originalbeschreibung des Spiels bezeichnete es als eine vereinfachte Version des mythischen „Turms von Brahma" im Tempel der indischen Stadt Benares. Dieser Turm, so hieß es in der Beschreibung, bestand aus 64 goldenen Scheiben, die durch die Tempelpriester umgelegt wurden. Bevor sie damit beendet sein werden, so sagte man, wird der Tempel in Staub zerfallen und die Welt wird mit einem Donnerschlag verschwinden. Das Untergehen der Welt mag fraglich sein, jedoch besteht wenig Zweifel am Zerfall des Tempels. Auf Grund der Formel $2^{64}-1$ ergibt sich nämlich die 20-stellige Zahl 18.446.744.073.709.551.615. Unter der Annahme, daß die Priester Tag und Nacht arbeiten und in jeder Sekunde eine Scheibe umlegen, würden sie viele Milliarden Jahre brauchen, um ihre Arbeit zu vollenden.
(Die eben genannte Zahl ist übrigens keine Primzahl, aber wenn wir die Zahl der Scheiben auf 89, 107 oder 127 erhöhen, dann ist die Zahl der Umlegungen eine Primzahl. Es sind dies Beispiele der sog. Mersenne-Zahlen, Primzahlen, die von der Form 2^n-1 sind. *Lucas* selber war der erste, der zeigen konnte, daß $2^{127}-1$ eine Primzahl ist. Diese gigan-

tische 39-stellige Zahl war bis 1952 die größte bekannte Primzahl, bis ein großes Elektronengehirn dazu verwandt wurde, fünf größere Mersenne-Zahlen zu finden, von denen die größte $2^{2281} - 1$ ist. Es ist sehr wahrscheinlich, daß auch $2^{8191} - 1$ eine Primzahl ist, aber der Beweis konnte noch nicht erbracht werden).

Einen Turm von Hanoi kann man sich leicht selber herstellen, indem man acht Quadrate aus Pappe von wachsender Größe ausschneidet (oder Spielkarten, die vom Ass bis zur Acht reichen, verwendet) und diese dann auf drei Punkten eines Papierbogens entlangbewegt. Bilden die drei Punkte ein Dreieck, dann löst die folgende einfache Umlegmethode das Problem für jede beliebige Zahl von Scheiben. Man lege die kleinste (oberste) Scheibe auf einen der anderen Punkte und bewege sie ständig in gleicher Richtung auf dem Dreieck entlang. Bei den übrigen Scheiben wähle man sich diejenige Umlegungsmöglichkeit aus, bei der die kleinste Scheibe nicht verwendet wird. (Es ist interessant, zu bemerken, daß bei Numerierung der Scheiben ihrer Größe nach die geraden Scheiben um das Dreieck in einer Richtung, die ungeraden in der entgegengesetzten Richtung wandern).

In welchem Zusammenhang steht nun dieses Rätsel mit dem *Hamilton*schen Spiel? Um den Zusammenhang zu erläutern, müssen wir erst einen Turm mit drei Scheiben, die von oben nach unten mit A, B, C beschriftet sind, betrachten. Folgen wir der oben beschriebenen Prozedur, dann lösen wir das Problem, indem wir die Scheiben in folgender Reihenfolge bewegen: A B A C A B A.

Wir wollen nun mit A, B, C die drei Kantenrichtungen eines regelmäßigen Sechsflächners (gewöhnlich als Würfel bezeichnet) beschriften. Wählen wir nun einen Weg entlang den Kanten des Würfels, der die Koordinaten in der Reihenfolge ABACABA passiert, dann bildet dieser Weg einen *Hamilton*schen Umlauf! *Crowe* erkannte, daß dies folgendermaßen verallgemeinert werden könne: Die Reihenfolge der Umlegungen von *n* Scheiben des Turmes von Hanoi entspricht genau der Reihenfolge der Kantenrichtungen eines Würfels von *n* Dimensionen, wenn man auf ihm einen *Hamilton*schen Umlauf macht.

Eine zusätzliche Illustration macht dies vielleicht noch verständlicher. Obwohl wir nicht imstande sind, uns ein Modell eines vierdimensionalen Würfels (Hyperwürfel genannt) herzustellen, können wir doch die Anordnung seiner Kanten im dreidimensionalen Raum projizieren (rechte Abb. 13). Diese Kantenanordnung ist topologisch äquivalent mit der Anordnung der Kanten des wirklichen Hyperwürfels. Wir beschriften seine Kantenrichtungen mit A, B, C und D, wobei D die durch die diagonalen Strecken dargestellte Kantenrichtung ist.

Die Umlegungsreihenfolge eines Turmes von vier Scheiben ist ABACABADABACABA. Gehen wir auf den Kanten des Hyperwürfels in gleicher Reihenfolge entlang, dann stellen wir fest, daß wir einen *Hamilton*schen Umlauf machen. Analog hierzu entspricht die Umlegungsreihenfolge von fünf Scheiben einem *Hamilton*schen Weg auf einem fünfdimensionalen Hyperwürfel, die von sechs Scheiben dem Weg auf einem sechsdimensionalen Hyperwürfel usw.

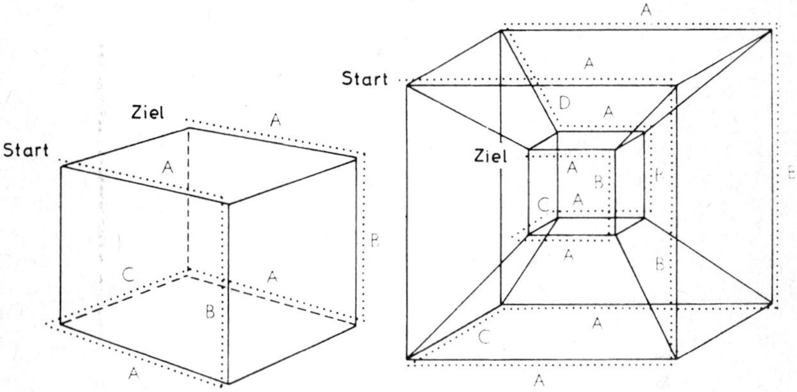

Abb. 13
Ein *Hamilton*scher Weg entlang den Kanten des linken Würfels. Der Würfel hat die Kantenrichtungen A, B und C; sie werden von dem Weg in folgender Reihenfolge durchlaufen: ABACABA. Rechts sieht man einen *Hamilton*schen Weg entlang den Kanten eines vierdimensionalen Würfels, der in den dreidimensionalen Raum projiziert wurde. Dieser Würfel hat die Kantenrichtungen A, B, C und D; der Weg folgt ihnen in der Reihenfolge ABACABADABACABA. Diese Anordnung entspricht der Umlegungsreihenfolge von vier Scheiben beim Turm von Hanoi

Der Beweis, daß n Scheiben eines Turmes von Hanoi in $2^n - 1$ Umlegungen auf einen anderen Pflock transportiert werden können, ist nicht schwer und ein hervorragendes Beispiel für mathematische Induktion. Das Problem läßt sich auch leicht auf eine beliebige Zahl von Pflöcken verallgemeinern (s. [40], Problem Nr. 1 und [19]). Die Beziehung zwischen der Lösung des Turmes von Hanoi und einem *Hamilton*schen Weg auf Würfeln und Hyperwürfeln ist vielleicht nicht so erstaunlich, wenn man sich klarmacht, daß in beiden Fällen die Bewegungsreihenfolge eine Struktur darstellt, die jemandem, der mit binären Zahlen arbeitet, vertraut ist. Wir schreiben erst die binären Zahlen von 1 bis 8 und beschriften die Spalten A, B, C, D wie in Abb. 14. Rechts von jeder Zeile schreiben wir jeweils den Buchstaben hin, welcher die 1 „identifiziert", die am weitesten rechts in der jeweiligen Zeile steht. Die Reihenfolge dieser Buchstaben von oben nach unten ist dann die in Frage stehende Reihenfolge der Umsetzungen bzw. Kantenrichtungen auf dem Würfel.

Dieses Muster wird häufig in mathematischen Rätseln angewandt. Karten, um gedachte Zahlen zu ermitteln, und ein altes mechanisches Rätsel, die *Chinesischen Ringe* genannt, sind zwei Beispiele. Das vertrauteste Beispiel ist wohl die Reihenfolge der

Maßeinteilung auf einem Ein-Inch-Segment eines gewöhnlichen Inch-Maßes (Abb. 15). Diese Anordnung ergibt sich natürlich durch die aufeinanderfolgenden binären Divisionen eines Inches in Hälfte, Achtel und Sechzehntel.

	D	C	B	A	
1	O	O	O	I	A
2	O	O	I	O	B
3	O	O	I	I	A
4	O	I	O	O	C
5	O	I	O	I	A
6	O	I	I	O	B
7	O	I	I	I	A
8	I	O	O	O	D

Abb. 14
Tabelle von binären Zahlen

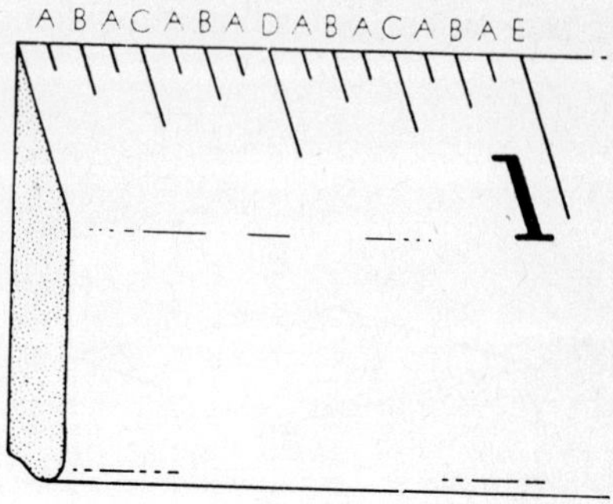

Abb. 15
Binäre Unterteilungen auf einem Inch-Maßstab

Ungewöhnliche topologische Modelle

Wie viele Leser dieses Buches wahrscheinlich wissen, ist das Moebius-Band eine geometrische Kuriosität, welche nur eine Oberfläche und einen Rand besitzt. Mit solchen Figuren beschäftigt sich ein Zweig der Mathematik, der Topologie genannt wird. Personen, die nur ab und zu mathematisches Interesse zeigen, könnten die Vorstellung haben, daß ein Topologe ein mathematischer Spieljunge ist, der seine Zeit damit verschwendet, Moebiusbänder und andere ungewöhnliche topologische Figuren herzustellen. Würden diese Personen jedoch einmal ein neuzeitliches Lehrbuch der Topologie aufschlagen, dann wären sie sehr erstaunt. Auf jeder Seite würden sie Symbole und Formeln, dagegen sehr selten einmal ein Bild oder ein Diagramm finden. Es stimmt zwar, daß die Topologie sich aus der Betrachtung geometrischer Probleme entwickelte, aber heute ist sie ein Dickicht abstrakter Theorien. Topologen lieben Sätze, die erst veranschaulicht werden müssen, damit sie verständlich sind.
Zahlreiche topologische Studien produzieren gleichwohl einen Strom von merkwürdigen und amüsanten Modellen. Betrachten wir zum Beispiel das doppelte Moebius-Band. Man erhält es, indem man zwei Papierstreifen zusammenklebt, wobei beide vorher einmal um die Längsachse verdreht werden, als wären sie ein Streifen (Abb. 16).

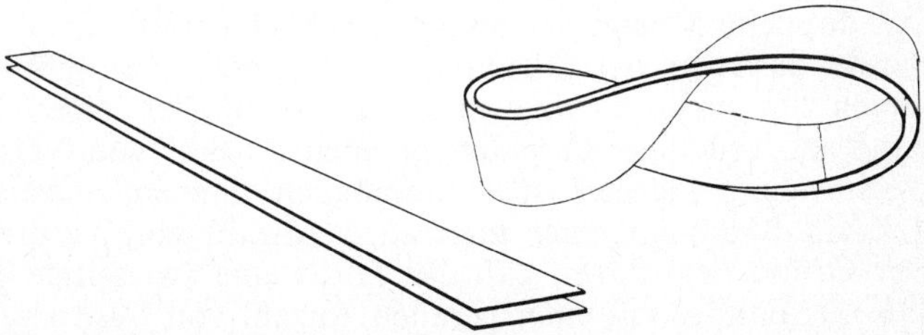

Abb. 16
Ein doppeltes Moebius-Band erhält man, indem man zwei Papierstreifen übereinanderlegt (links), ihnen dann eine halbe Drehung erteilt und dann ihre Enden in der rechts angedeuteten Weise verbindet

Wir haben jetzt das, was man als zwei verbundene Moebius-Bänder bezeichnet. Natürlich kannst du „beweisen", daß es sich um zwei voneinander getrennte Streifen handelt, indem du deinen Finger zwischen beide Streifen legst und dort entlanggehst, bis du wieder zum

Ausgangspunkt zurückkommst. Eine Fliege, welche zwischen beiden Bändern entlangkriechen würde, könnte unbegrenzt dort spazierengehen, stets auf einem Bande krabbeln, während das andere Band über ihrem Rücken entlangschleifen würde. Die Fliege würde keinen Punkt entdecken, an dem sich „Boden" und „Decke" treffen. Eine intelligente Fliege würde daraus schließen, daß sie zwischen den Oberflächen zweier getrennter Bänder entlangkriecht.

Angenommen aber, daß die Fliege stets eine Markierung auf dem Band anbringt, auf dem sie krabbelt, und solange wandert, bis sie wieder auf den Beginn der Markierung stößt. Sie würde dann die Markierung nicht auf dem Boden, sondern an der Decke finden, und sie müßte ein zweites Mal den Weg machen, um die Markierung wieder auf dem Boden vorzufinden! Die Fliege würde eine ganze Menge Intelligenz benötigen, um zu dem Schluß zu gelangen, daß Boden und Decke eine einzige Fläche auf einem Bande sind. Was als zwei verbundene Bänder erscheint, ist in Wirklichkeit ein einziges großes Band. Öffnet man aber einmal das Modell zu einem großen Band, dann ist es ein schwieriges Problem, ihm wieder seine ursprüngliche Form zu geben.

Ist das Band in seiner Moebius-Form, dann laufen zwei getrennte Kanten parallel zueinander; sie umlaufen das Modell zweimal. Nehmen wir an, daß diese Kanten miteinander verbunden werden, und daß das Band aus dünnem Gummi besteht. Man erhält dann eine Röhre, welche man zu einem Torus aufblasen kann (der topologische Ausdruck für einen autoreifenähnlichen Körper). Die verbundene Kante würde eine geschlossene Kurve bilden, die sich zweimal um den Torus windet. Dies bedeutet, daß man einen Torus entlang dieser Kurve aufschneiden kann, um ein doppeltes Moebius-Band zu erhalten.

Das doppelte Moebius-Band ist tatsächlich identisch mit einem einfachen Bande, das man viermal um seine Längsachse verdreht hat, bevor seine Enden zusammengeklebt wurden. Es ist möglich, einen Torus zu einem Band mit jeder gewünschten geraden Anzahl von Verdrehungen aufzuschneiden, dagegen ist es unmöglich, ihn so zu zerschneiden, daß sich ein Band mit einer ungeraden Anzahl von Verdrehungen ergibt. Der Grund liegt darin, daß der Torus eine zweiseitige Fläche ist, und daß nur Bänder mit einer geraden Anzahl von Verdrehungen zweiseitig sind. Obwohl man zweiseitige Flächen aus einseitigen durch Aufschneiden erhalten kann, ist der umgekehrte Prozeß nicht möglich. Wollen wir einseitige Bänder (Bänder mit einer ungeraden Zahl von Verdrehungen) durch das Aufschneiden einer Fläche ohne Kanten erhalten, dann müssen wir eine Kleinsche Flasche aufschneiden. Die Kleinsche Flasche ist eine geschlossene, einseitige Fläche ohne Kanten und kann in zwei Moebius-Bänder aufgeteilt werden, von denen jedes das Spiegelbild des anderen ist.

Das einfache Moebius-Band ergibt sich durch einmalige Verdrehung eines einzelnen Bandes um die Längsachse bevor die Enden zusammengeklebt werden. Kann das Band irgendwie so gedehnt werden, daß die Kante ein Dreieck bildet? Die Antwort ist „Ja". Der erste Mann, der ein solches Modell entwickelte, war *Bryant Tuckerman*, einer der vier Pioniere in der Kunst, Flexagone zu falten [21]. Abb. 17 zeigt, wie

Abb. 17
Ein Moebius-Band mit dreieckigem Rand wurde von Bryant Tuckerman entworfen. Wird die untere Figur noch einmal — möglichst in größerem Maßstab — aufgezeichnet, dann kann man sie auf folgende Weise zu dem rechts oben abgebildeten Polyeder falten: Zuerst wird die Figur ausgeschnitten. Anschließend wird sie entlang den durchgehenden Linien „nach unten" gefaltet. Dann faltet man sie entlang den gestrichelten Linien in die entgegengesetzte Richtung. Indem man die überstehenden Ränder mit Klebstoff bestreicht, werden schließlich A und A, B und B, C und C sowie D und D zusammengeklebt. Die fettgedruckten Linien stellen dann im fertigen Polyeder den dreieckigen Rand des Moebius-Bandes dar.

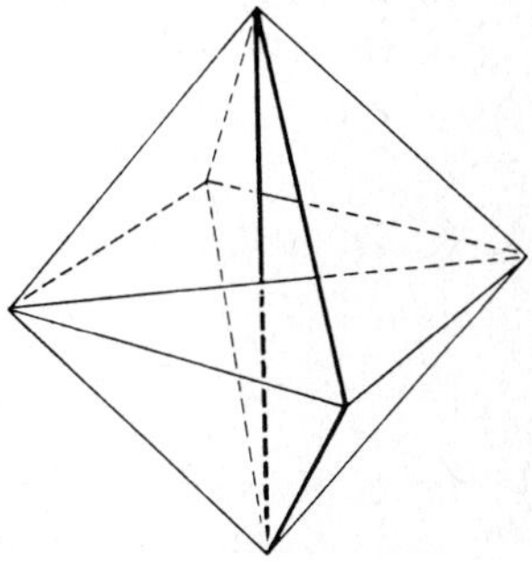

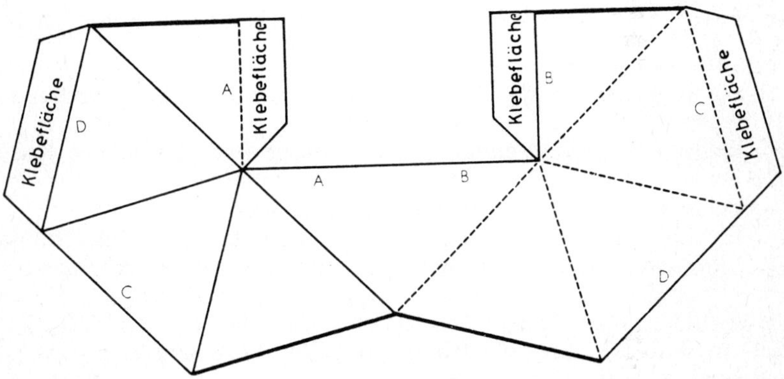

ein Bogen Papier geschnitten, gefaltet und geklebt werden muß, um *Tuckermans* Modell zu ergeben. Oberflächen brauchen nicht nur ein oder zwei Seiten zu haben; sie können sich auch topologisch in der Zahl und Anordnung ihrer Kanten unterscheiden. Solche Eigenschaften lassen sich nicht durch Vermehrung der Oberflächen beseitigen; sie heißen daher topologische Invariante. Wir wollen einmal Oberflächen mit nicht mehr als zwei Kanten, und zwar Kanten, die entweder geschlossene, einfache Kurven oder in der Form von gewöhnlichen Knoten sind, betrachten.

Hat eine Oberfläche zwei Kanten, dann können diese unabhängig voneinander oder miteinander verbunden sein. Innerhalb dieser Beschränkungen können wir die folgenden 16 Arten von Oberflächen aufschreiben (ausgeschlossen sind kantenlose Oberflächen wie die Kugel, der Torus oder die Kleinsche Flasche).

Einseitig, einkantig

1. Kante ist eine einfache, geschlossene Kurve
2. Kante ist verknotet

Zweiseitig, einkantig

3. Kante ist eine einfache, geschlossene Kurve
4. Kante ist verknotet

Einseitig, zweikantig

5. Beide Kanten sind einfache, geschlossene und unverbundene Kurven
6. Beide Kanten sind einfache, geschlossene und verbundene Kurven
7. Beide Kanten sind verknotet und unverbunden
8. Beide Kanten sind verknotet und verbunden
9. Eine Kante ist einfach; die andere aber verknotet; beide unverbunden
10. Eine Kante ist einfach; die andere verknotet; beide verbunden.

Zweiseitig, zweikantig

11. Beide Kanten sind einfache, geschlossene und unverbundene Kurven
12. Beide Kanten sind einfache, geschlossene und verbundene Kurven
13. Beide Kanten sind verknotet und unverbunden
14. Beide Kanten sind verknotet und verbunden
15. Eine Kante ist einfach; die andere verknotet; beide unverbunden
16. Eine Kante ist einfach; die andere verknotet; beide verbunden.

Papiermodelle lassen sich leicht konstruieren, um Beispiele für jede dieser Flächen zu liefern. Modelle für die Flächen vom Typ 1—12 sind in Abb. 18, Modelle für die restlichen Flächentypen in Abb. 19 dargestellt.

Zerschneidet man einige dieser Modelle mit einer Schere in bestimmter Weise, dann ergeben sich erstaunliche Resultate. Wie fast jeder weiß, der je mit einem Moebius-Band gespielt hat, ergeben sich beim Zerschneiden eines Moebius-Bandes parallel zum Rande nicht zwei getrennte Streifen, wie man erwarten könnte, sondern ein großes Band. (Das große Band ist viermal um die Längsseite gedreht; es kann daher in das vorher beschriebene Moebius-Band mit 2 Längsdrehungen übergeführt werden). Nicht so bekannt ist die Tatsache, daß, wenn man das Band im Abstand eines Drittels der Streifenbreite vom Rande entfernt parallel zu diesem aufschneidet bis man wieder zum Anfangspunkt

Abb. 18
Papiermodelle der Flächen 1 bis 12

zurückkehrt, das Moebius-Band sich in ein großes Band, welches mit einem kleineren verbunden ist, auflöst. Beim Aufschneiden von Oberfläche 12 längs der Mitte des Streifens ergeben sich zwei ineinandergreifende Bänder von gleicher Größe, welche genau dem ursprünglichen Band entsprechen. Das Zerschneiden von Figur 2 längs der Mitte liefert ein großes Band mit einem Knoten. Diese letztere Tatsache war der Inhalt eines Büchleins, welches sich großer Beliebtheit in Wien um 1880 herum erfreute. Dieses Büchlein offenbarte das Geheimnis, einen Knoten in ein Stoffband zu bringen, ohne magische Tricks anzuwenden.

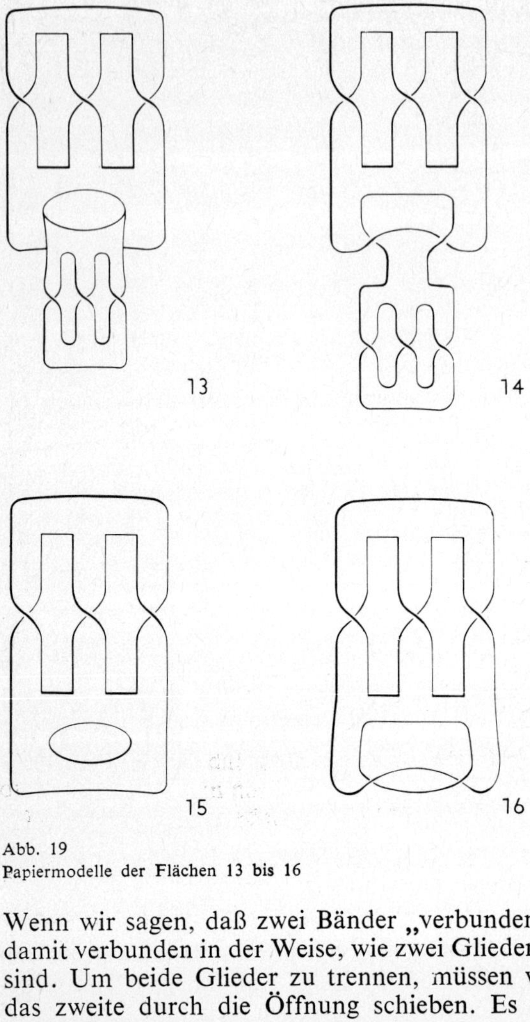

Abb. 19
Papiermodelle der Flächen 13 bis 16

Wenn wir sagen, daß zwei Bänder „verbunden" sind, dann meinen wir damit verbunden in der Weise, wie zwei Glieder in einer Kette verbunden sind. Um beide Glieder zu trennen, müssen wir ein Glied öffnen und das zweite durch die Öffnung schieben. Es ist jedoch möglich, zwei geschlossene Kurven so ineinandergreifen zu lassen, daß es zu ihrer Trennung nicht notwendig ist, die eine Kurve durch eine Öffnung der anderen gleiten zu lassen. Die einfachste Weise, dies zu tun, wird durch die oberen Kurven in Abb. 20 dargestellt. Diese Kurven lassen sich trennen, indem ein Band durch *sich selbst* im Punkt A gleitet.
Die drei geschlossenen Kurven im unteren Teil der Illustration sind untrennbar, ohne verbunden zu sein. Wird eine der Kurven entfernt,

dann sind die restlichen frei; wird ein Paar verbunden, dann ist die dritte Kurve frei. Diese Struktur ist übrigens topologisch identisch mit drei Ringen des Firmenzeichens eines bekannten (amerikanischen) Bieres. Diese Ringe heißen manchmal Borromeische Ringe, denn sie bildeten das Wappen der Familie von Borromeo in der italienischen Renaissance.

Abb. 20
Ineinandergreifende Bänder, die getrennt werden können, ohne daß das eine Band durch die Öffnung des anderen gleitet. Die im oberen Teil der Abb. wiedergegebenen Bänder lassen sich trennen, indem man das mehrfach gedrehte Band am Punkt A durch sich selbst gleiten läßt.

Ich kenne kein Papiermodell einer einzigen Fläche, die, ohne sich zu überschneiden, zwei oder mehr ineinandergreifende Ränder hat, welche nicht verbunden sind. Vielleicht gelingt es einem klugen Leser, ein solches Modell zu konstruieren.

Ein interessantes Modell des doppelten Moebius-Bandes kann aus starrem Kunststoff hergestellt werden. Dies erleichtert es einem, mit einem Finger zwischen den „beiden" Bändern entlangzugehen.

Mel Stover aus Winnipeg schrieb, daß er ein Modell aus dehnbarem weißen Kunststoff herstellte und dann einen Streifen aus rotem Plastik zwischen „beide" Bänder legte. Da man den roten Streifen deutlich an allen Punkten zwischen den scheinbar getrennten Bändern sieht, ist die Überraschung um so größer, wenn das rote Band herausgezogen wird und das weiße sich als ein einziges langes Band entpuppt. Der rote Streifen muß natürlich lose Enden haben, welche sich nur überdecken und nicht miteinander verklebt sind, da er in diesem Falle mit dem weißen Band verkettet wäre und nicht herausgezogen werden könnte.

Der rote Streifen in *Mel Stovers* Modell nimmt beim Einlegen zwischen das weiße Band die Form eines Moebius-Streifens an. Jede nicht orientierte (einseitige) Fläche kann in ähnlicher Weise in eine sogenannte „zweiseitige" Oberfläche eingebettet

werden. Beispielsweise kann die Kleinsche Flasche völlig in einen Torus eingebettet werden, von dem die Hälfte von innen nach außen gekehrt ist.
Wie die Überdeckung des Moebius-Bandes scheint auch diese Oberfläche aus zwei getrennten Flächen zu bestehen, wobei die eine in der anderen liegt. An jedem beliebigen Punkt wird man die innere Fläche getrennt sehen und doch sind sowohl die innere als auch die äußere Oberfläche nur Teile ein und desselben Torus (s. [23]).

Das Spiel Hex

Es ist heutzutage eine Seltenheit, wenn jemand ein mathematisches Spiel erfindet, das sowohl neu als auch interessant ist. Ein solches Spiel — Hex — wurde vor 15 Jahren an *Niels Bohrs* Institut für Theoretische Physik in Kopenhagen entworfen. Es kann sehr gut eines der meistgespielten und völlig analysierten neuen mathematischen Spiele des Jahrhunderts werden.

Hex wird auf einem Brett von Diamantenform, welches aus Hexagonen (Sechsecken) besteht, gespielt (s. Abb. 21). Die Zahl der Sechsecke kann

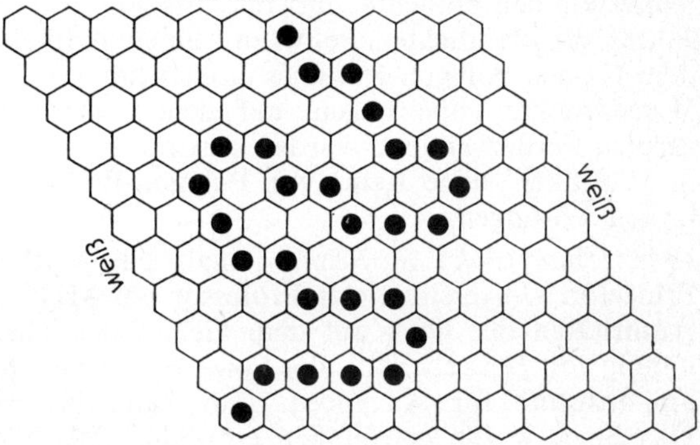

Abb. 21
Eine Gewinnkette für „Schwarz" auf einem Hex-Brett mit 11 Sechsecken an jeder Seite

verschieden sein, aber das Brett hat gewöhnlich 11 Sechsecke auf jeder Seite. Zwei gegenüberliegende Seiten des Diamanten werden mit „Schwarz", die beiden anderen mit „Weiß" beschriftet. Die Sechsecke an den Ecken des Diamanten gehören zu beiden Seiten. Der eine Spieler hat einen Vorrat von schwarzen Steinen, der andere einen Vorrat von weißen Steinen. Die Spieler legen abwechselnd einen ihrer Steine auf irgendein Sechseck, vorausgesetzt, daß es nicht bereits durch einen anderen Stein besetzt ist. Das Ziel von „Schwarz" ist es, eine zusammenhängende Kette von schwarzen Steinen zwischen den zwei mit „Schwarz" bezeichneten Seiten herzustellen. „Weiß" versucht eine ähnliche Kette aus weißen Steinen zwischen den „weißen" Seiten aufzubauen.

Die Kette kann beliebig gewunden und gedreht sein; ein Beispiel einer Gewinnkette ist in Abb. 21 gezeigt. Die Spieler setzen solange ihre Steine, bis einer von ihnen eine vollständige Kette erreicht hat. Das Spiel kann nicht mit „Unentschieden" enden, denn ein Spieler kann den anderen nur blockieren, indem er seine eigene Kette vervollständigt. Diese Regeln sind einfach, und doch ist Hex ein Spiel von überraschender mathematischer Feinheit. Hex wurde von *Piet Hein*, der bestimmt einer der bemerkenswertesten Männer von Dänemark sein muß, erfunden. *Hein* begann seine Studien als Student am Institut für Theoretische Physik.

Das Spiel Hex fiel *Hein* ein, während er sich mit dem bekannten Vierfarben-Problem der Topologie beschäftigte (Das Vierfarben-Theorem, welches noch nicht bewiesen ist, besagt, daß vier Farben ausreichen, eine Karte so zu färben, daß keine zwei Länder von gleicher Farbe eine gemeinsame Grenze haben.). *Hein* stellte sein Spiel 1942 in einer Vorlesung den Studenten des Instituts vor. Am 26. Dezember desselben Jahres veröffentlichte „Politiken" einen Artikel über das Spiel; unter dem Namen Polygon wurde es dann schnell in Dänemark sehr populär. Vorgedruckte Papierbogen, auf denen das Spiel mit einem Bleistift gespielt werden konnte, wurden verkauft und viele Monate lang erschien in „Politiken" eine Reihe von Polygon-Problemen mit Preisen für die besten Lösungen.

1948 erfand *John F. Nash*, damals ein Mathematik-Student an der Princeton University (jetzt Professor am MIT*) und einer der größten Autoritäten der USA auf dem Gebiet der Theorie der Spiele) unabhängig von *Hein* ebenfalls das Spiel. Es wurde schnell von den Studenten am Institute for Advanced Study und in Princeton aufgenommen. Das Spiel wurde gewöhnlich entweder „Nash" oder „John" genannt. Es nahm nicht den Namen „Hex" an, bis 1952 eine Version des Spieles unter diesem Namen von der Firma Parker Brothers Inc. herausgegeben wurde.

Lesern, die gerne Hex versuchen würden, möchte ich raten, sich Vervielfältigungen vom Spielbrett herzustellen. Das Spiel kann auf diesen Spielbogen gespielt werden, indem man die Sechsecke mit Kreisen und Kreuzen für Schwarz und Weiß markiert. Wer es vorzieht, mit beweglichen Steinen auf einem richtigen dauerhaften Spielbrett zu spielen, der kann sich aus Pappe ein großes Spielfeld herstellen oder auch sechseckige Kacheln zusammenkleben. Sind die Kacheln groß genug, dann kann man als Steine gewöhnliche Mühlesteine verwenden.
Der beste Weg, die Feinheiten von Hex kennenzulernen, besteht darin,

---

*) MIT = Massachusetts Institute of Technology.

das Spiel auf einem Feld mit einer geringen Anzahl von Sechsecken zu spielen.
Wird das Spiel auf einem 2 · 2-Brett gespielt (vier Sechsecke), dann gewinnt offenbar der Spieler, der anfängt. Auf einem 3 · 3-Brett gewinnt leicht der anfangende Spieler, indem er seinen ersten Stein auf das mittlere Sechseck des Brettes legt (Abb. 22). Da „Schwarz" zwei Spielmöglichkeiten zu beiden Seiten des Steines hat, besteht für seinen Gegner keine Möglichkeit, ihn vom Gewinn nach dem dritten Zug abzuhalten.
Auf einem 4 · 4-Brett wird die Sache bereits verwickelter. Der erste Spieler gewinnt garantiert, wenn er sofort eines der 4 in Abb. 23 numerierten Sechsecke besetzt. Setzt er seinen ersten Stein auf ein anderse Sechseck, dann kann er geschlagen werden. Eine Eröffnung in Feld 2 oder 3 zieht einen Gewinn nach dem 5. Zug nach sich; eine Eröffnung in Feld 1 oder 4 garantiert einen Gewinn nach dem 6. Zug.

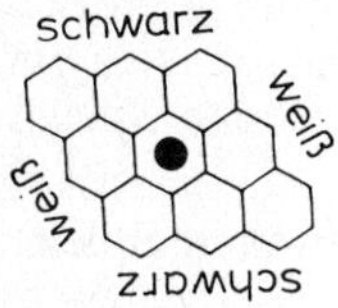

Abb. 22

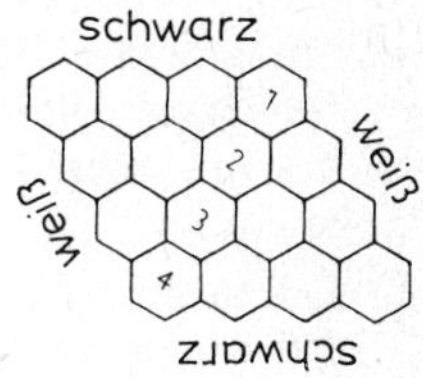

Abb. 23

Auf einem 5 · 5-Brett kann noch gezeigt werden, daß der erste Spieler nach dem 7. Zug gewinnt, wenn er sofort das Sechseck in der Mitte besetzt. Auf größeren Feldern wird die genaue Untersuchung äußerst schwierig. Natürlich gibt es auf einem 11 · 11-Brett solch eine astronomische Zahl von Spielmöglichkeiten, daß eine vollständige Analyse außerhalb menschlicher Möglichkeiten liegt.
Spieltheoretiker finden Hex besonders aus dem folgenden Grund von Interesse. Obwohl keine „Entscheidungspartie" bekannt ist, die einen Gewinn auf dem Standard-Brett garantiert, gibt es einen eleganten reductio ad absurdum „Existenzbeweis" dafür, daß es eine Gewinnstrategie für den anfangenden Spieler auf einem Brett beliebiger Größe gibt! (Ein Existenzbeweis beweist lediglich die Existenz von irgendetwas, sagt jedoch nichts darüber aus, wie man zu diesem „irgendetwas" gelangt). Es soll nun eine sehr gedrängte Version des Beweises gegeben werden (man kann ihn viel strenger formulieren), so wie er 1949 von *John Nash* ausgearbeitet wurde:

1. Entweder der erste oder der zweite Spieler muß gewinnen, also existiert eine Gewinnstrategie für den ersten oder zweiten Spieler.

2. Angenommen der zweite Spieler hat eine Gewinnstrategie.
3. Der erste Spieler kann sich nun folgendermaßen verteidigen. Er macht einen ganz beliebigen Zug. Danach spielt er nach der Gewinnstrategie des zweiten Spielers, deren Existenz wir oben angenommen haben. Kurz gesagt wird er jetzt zum zweiten Spieler, nur mit einem weiteren Stein, der bereits irgendwo auf dem Feld liegt. Sollte er beim Spielen nach der Strategie gezwungen sein, auf das Feld zu setzen, wo sein erster Stein liegt, so macht er einen anderen beliebigen Zug. Sollte er später gezwungen sein auf dem Feld zu spielen, wo der zweite beliebig hingesetzte Stein liegt, so macht er einen dritten beliebigen Zug usw. Auf diese Weise spielt er nach der Gewinnstrategie mit einem extra Stein auf dem Brett.
4. Dieser extra Stein kann nicht die Nachahmung der Strategie durch den ersten Spieler beeinträchtigen, denn ein extra Stein ist stets ein Vorteil, niemals ein Nachteil. Infolgedessen kann der erste Spieler gewinnen.
5. Da unsere Annahme einer Gewinnstrategie für den zweiten Spieler auf einen Widerspruch führt, müssen wir sie fallen lassen.
6. Hieraus folgt aber, daß es eine Gewinnstrategie für den ersten Spieler gibt.

Es existiert eine ganze Anzahl von Variationen des Spieles Hex, einschliesslich einer Version, bei der jeder Spieler versucht, den Gegner dazu zu zwingen, eine Kette zu bilden. Auf Grund eines klugen Beweises von *Robert Wiser*, einem Mathematikstudenten in Princeton, kann der erste Spieler dieses Spiel stets auf einem Brett mit einer geraden Anzahl von Seitenfeldern gewinnen, während der zweite Spieler auf einem Brett mit einer ungeraden Zahl von Seitenfeldern gewinnen kann.

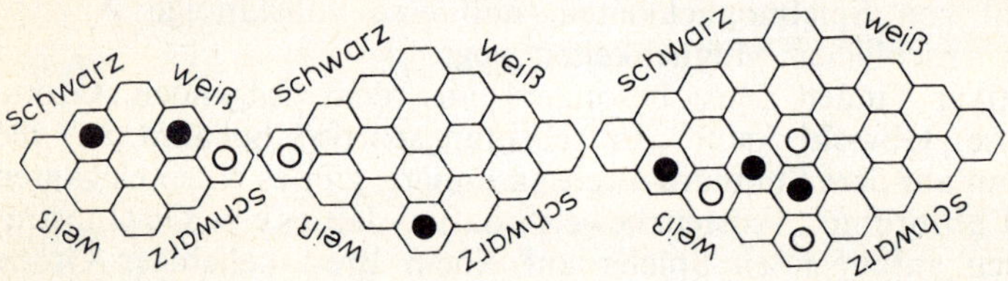

Abb. 24
Drei Hex-Probleme

Nachdem der Leser Hex schon eine Weile gespielt hat, mag er daran interessiert sein, 3 von *Hein* erfundene Probleme zu lösen*). Das Ziel in

*) Diese sind in den drei Figuren der Abb. 24 wiedergegeben.

allen drei Problemen ist, den ersten Zug zu finden, der einen Sieg für „Weiß" garantiert.

Hex kann auf verschiedenen Formen von Feldern gespielt werden, die alle topologisch äquivalent einem Sechseck sind. Beispielsweise kann ein Brett mit gleichseitigen Dreiecken benutzt werden, wobei die Steine jeweils auf die Eckpunkte gesetzt werden. Ein gebräuchliches Schachbrett ist isomorph zu einem Hex-Brett, wenn man voraussetzt, daß die Quadrate diagonal nur in einer Richtung verbunden sind (etwa NO und SW, aber nicht NW und SO). Beide Bretter erscheinen jedoch nicht so befriedigend für das Spiel, wie das Mosaik von Sechsecken.
Verschiedene Formen für das Hex-Spielfeld, die von der Diamantenform abweichen, sind vorgeschlagen worden. Zum Beispiel schlug *Claude Shannon* vom MIT ein Feld von der Form eines gleichseitigen Dreiecks vor. Gewinner ist derjenige, dem es zuerst gelingt, eine Kette aufzustellen, die alle drei Seiten des Dreiecks verbindet. Eckfelder gehören zu beiden anliegenden Seiten. *Nashs* Beweis über den Gewinn des ersten Spielers hat auch bei dieser Version seine volle Gültigkeit.
Verschiedene Vorschläge wurden gemacht, um dem starken Vorteil des ersten Spielers entgegenzuwirken. Man könnte ihm etwa verbieten, auf der kurzen Diagonale anzufangen. Der Gewinner könnte danach beurteilt werden, mit wie wenig Zügen er gewonnen hat. Der erste Spieler eröffnet mit einem Zug, aber danach könnte jeder Spieler zwei Züge auf einmal machen.
Man ist versucht, zu glauben, daß auf einem $n \cdot (n+1)$-Brett (zum Beispiel einem $10 \cdot 11$-Brett), auf dem der erste Spieler die Seiten nimmt, die am weitesten auseinanderliegen, der relative Vorteil der beiden Spieler ungefähr gleich ist.
Unglücklicherweise wurde eine einfache Strategie entdeckt, welche dem zweiten Spieler den Sieg garantiert. Die Strategie baut sich auf einer Spiegelungssymmetrie längs der Mittelachse auf.
Bist du der zweite Spieler, dann stelle dir immer zwei Felder als zusammengehörig vor, und zwar entsprechend dem Schema, welches durch die Buchstaben in Abb. 25

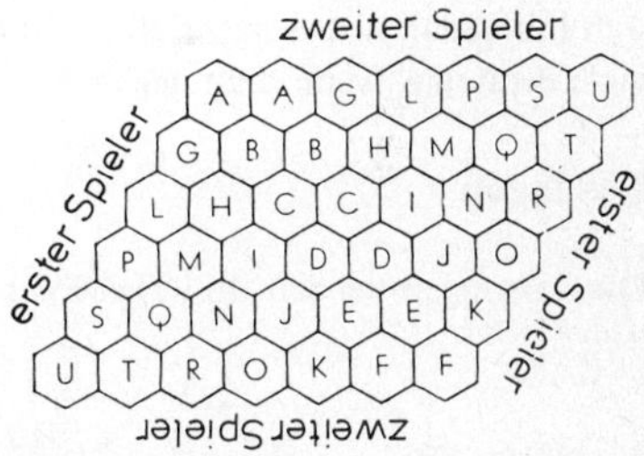

Abb. 25
Die Zellenpaare, die dem zweiten Spieler, der auf der kürzeren Brettseite spielt, zum Sieg verhelfen

angegeben ist. Jedesmal wenn dein Gegner setzt, dann setzt du auf das andere Feld mit dem gleichen Buchstaben. Wegen des kürzeren Abstandes deiner zwei Seiten des Brettes, ist es für dich nicht möglich, zu verlieren!

Einige Worte über die allgemeine Spielstrategie bei Hex. Eine ganze Zahl von Lesern schrieb, daß sie enttäuscht wären, als sie entdeckten, daß der erste Spieler leicht gewinnen kann, indem er einfach das Mittelfeld besetzt und dann eine Kette von benachbarten Feldern in Richtung seiner zwei Seiten des Brettes aufbaut. Sie meinten, daß es unmöglich wäre, ihn zu blockieren, da er stets zwischen zwei Feldern für das nächste Glied der Kette wählen kann. Offenbar spielten sie nicht lange genug, um zu entdecken, daß Ketten blockiert werden können, indem man Felder besetzt, die zunächst gar nicht mit den Enden der Kette benachbart sind. Das Spiel ist viel komplizierter, als es auf den ersten Blick erscheinen mag. Wirklich erfolgreiches Blockieren erfordert oft Züge, die überhaupt nicht mit der zu blockierenden Kette in Verbindung zu stehen scheinen.

Eine noch mehr entwickelte Strategie basiert auf der folgenden Methode. Man spiele erst in der Mitte, dann versuche man, auf seinen beiden Seiten Ketten von getrennten Gliedern entweder diagonal oder senkrecht aufzubauen, wie etwa die zwei Ketten in der Abb. 26, dann spiele man diagonal weiter; blockiert der Gegner diagonal, dann

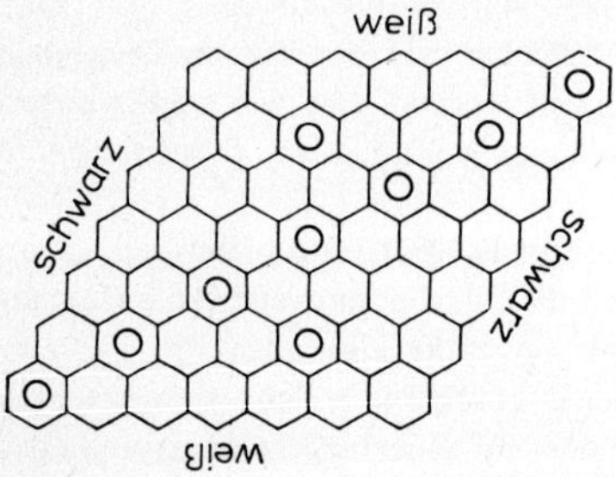

Abb. 26

spiele man vertikal. Ist es erst einmal gelungen, beide Seiten durch eine unzusammenhängende Kette zu verbinden, in der jedes fehlende Glied auf zwei Arten eingefügt werden kann, dann ist es natürlich nicht mehr möglich, blockiert zu werden. Dies ist eine gute Strategie, wenn man gegen Anfänger spielt, aber es gibt gute Verteidigungszüge.

Lösungen

Die Lösungen zu den drei Hex-Problemen aus Abb. 24 sind in Abb. 27 dargestellt.

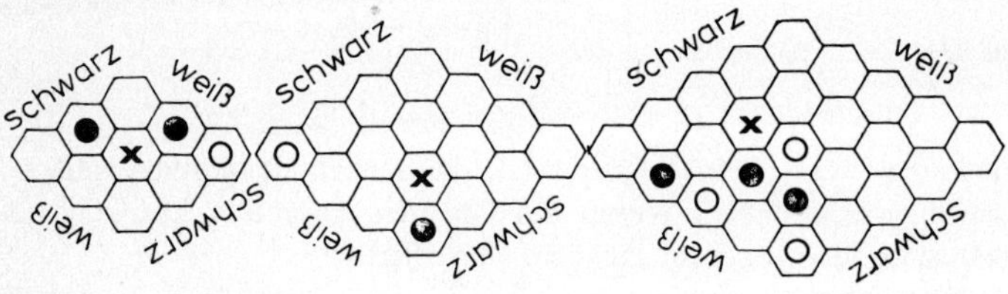

Abb. 27

Eine vollständige Analyse der verschiedenen Spielverläufe wäre zu umfangreich, nur der erste korrekte Zug von „Weiß" wird durch ein Kreuz angedeutet.
Einige Leser glaubten, daß im dritten Problem „Weiß" auch gewinnen könnte, wenn er auf Feld 22 setzt (man numeriere die Felder von ganz links beginnend nach rechts oben von 1 bis 25).
Robert Fox aus Princeton, New Jersey, stellte jedoch fest, daß „Schwarz" sich verteidigen kann, indem er Zelle 18 besetzt. Nimmt „Weiß" 23, dann gewinnt „Schwarz" durch Besetzen von Zelle 20. Sollte „Weiß" auf 8 setzen, so besetzt „Schwarz" 14 und gewinnt.
Einen etwas genaueren Beweis für den Sieg des ersten Spielers als den hier wiedergegebenen findet man in dem Buch „Symbols, Signals and Noise" von *John R. Pierce*, Harper & Brothers, 1961, pp. 10-13.

Sam Loyd: Amerikas größter Rätselerfinder

Der Name *Sam Loyd* wird vielen Lesern dieses Buches nicht bekannt sein, und doch war *Loyd* ein wirkliches amerikanisches Genie und zu seiner Zeit so etwas wie eine Berühmtheit. Fast ein halbes Jahrhundert lang, bis zu seinem Tode im Jahre 1911, war er der unumstrittene König der Rätselerfinder des Landes. Tausende von großartigen Rätseln, meistenteils mathematische, erschienen unter seinem Namen, viele sind auch heute noch populär.

Eigentlich gab es zwei *Sam Loyds* — Vater und Sohn. Als der ältere *Loyd* starb, entfernte der jüngere das „Jr." von seinem Namen und setzte die Arbeit seines Vaters fort, indem er Rätselspalten für Zeitschriften und Zeitungen schrieb und Bücher und Neuigkeiten in einem schmutzigen kleinen Büro in Brooklyn veröffentlichte. Der Sohn, der 1934 starb, besaß jedoch nicht die Erfindungsgabe seines Vaters; seine Bücher sind wenig mehr als schnell zusammengestellte Sammlungen der Werke seines Vaters.

Loyd senior wurde 1841 in Philadelphia von (wie er sich ausdrückte) „wohlhabenden aber ehrlichen Eltern" geboren. 1844 zog sein Vater, ein Grundstücksmakler, mit seiner Familie nach New York, wo *Sam* die Volksschule bis zum 17. Lebensjahr besuchte. Wäre er auf eine Universität gegangen, dann wäre bestimmt ein ausgezeichneter Mathematiker oder Ingenieur aus ihm geworden. Aber *Sam* besuchte keine Universität. Ein Grund dafür war, daß er Schach gelernt hatte.

Zehn Jahre lang beschäftigte sich *Loyd* mit wenig anderem als damit, Schachfiguren auf einem Schachbrett entlangzuschieben. Zu dieser Zeit war Schach sehr verbreitet; viele Zeitungen enthielten Schachspalten mit Problemen, die von Lesern gestellt wurden. *Loyds* erstes Problem wurde von einer New Yorker Zeitung veröffentlicht, als er 14 Jahre alt war. Während der folgenden 5 Jahre wurde seine Produktion von Schachproblemen so gewaltig, daß er in der ganzen Schachwelt bekannt wurde. Als er 16 war, wurde er Redakteur der Problemspalte von „Chess Monthly", die zu der Zeit von *D. W. Fiske* und dem jungen Schachmeister *Paul Morphy* herausgegeben wurde. Später leitete er Schachspalten von verschiedenen Zeitungen und trug unter zahlreichen Pseudonymen zu anderen Problemen bei.

1877 und 1878 schrieb *Loyd* eine wöchentliche Schachseite für „Scientific American Supplement", wobei er jeden Artikel mit einem Anfangsbuchstaben begann, der aus den Figuren eines Schachproblems geformt wurde. Diese Artikel umfaßten den größten Teil seines Buches „Chess Strategy", welches er 1878 in seiner eigenen Druckerei in Elizabeth, New Jersey druckte. Dieses Buch, welches 500 ausgewählte Probleme von ihm enthält, ist heutzutage sehr von Sammlern begehrt.

Loyds am meisten veröffentlichtes Schachproblem, welches er mit 18 Jahren erfand, zeigt deutlich die nette Art, mit der er seine Probleme in Anekdoten kleidete. Es wird vermutet, daß im Jahre 1713, als König Karl XII. von Schweden von den Türken in seiner Stellung in Bender belagert wurde, der König oft die Zeit verbrachte, indem er mit einem seiner Minister Schach spielte. Als das Spiel einmal die in Abb. 28 wieder-

Abb. 28

gegebene Situation erreichte, verkündete Karl (der Weiß spielte) ein Schachmatt in drei Zügen. In diesem Augenblick zerstörte eine Kugel den weißen Springer. Karl studierte das Brett noch einmal, lächelte dann und sagte, er würde den Springer gar nicht benötigen, da er immer noch in vier Zügen Schachmatt setzen könne. Kaum hatte er dies gesagt, als eine zweite Kugel seinen Bauer (h2) entfernte. Unbeeindruckt betrachtete Karl seine jetzige Stellung sorgfältig und kündigte Matt in fünf Zügen an.

Die Geschichte hat noch einen Höhepunkt. Viele Jahre später wies nämlich ein deutscher Schachexperte darauf hin, daß, wenn die erste Kugel den weißen Turm statt des Springers zerstört hätte, Karl immer noch in sechs Zügen matt setzen konnte. Schachspielende Leser mögen sich mit diesem bemerkenswerten vierteiligen Problem beschäftigen.

Die ursprüngliche Version von *Loyds* erstem geschäftlich erfolgreichem

Rätsel, welches von ihm selbst im Alter von ca. 18 Jahren gezeichnet wurde, ist in Abb. 29 wiedergegeben.
Zerschnitt man die Abb. 29 längs der gestrichelten Linien, dann konnten die 3 entstehenden Rechtecke so zusammengelegt werden (ohne zu

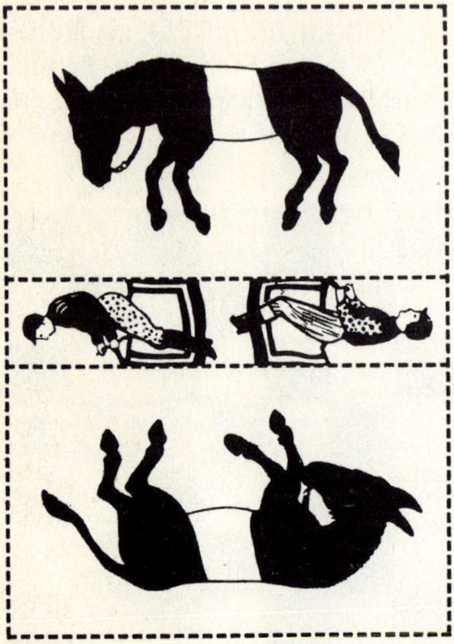

Abb. 29

falten), daß die beiden Jockeys auf den Eseln ritten. *P. T. Barnum* kaufte *Loyd* Millionen von diesen Rätseln ab und verteilte sie als „P. T. Barnums Trickesel". Man sagt, daß der junge *Loyd* in wenigen Wochen durch dieses Rätsel 10.000 $ verdiente; es ist auch heute noch populär.
Vom mathematischen Standpunkt ist *Loyds* interessantestes Problem das bekannte „Fünfzehner-Spiel". In den späten vierziger Jahren erlebte es einen überraschenden Wiederaufstieg und kann jetzt noch in den Spielwarenabteilungen der meisten Warenhäuser gekauft werden.
Wie in Abb. 30a gezeigt ist, können von 1 bis 15 numerierte Quadrate frei im Innern eines Kästchens verschoben werden. Beim Beginn des Problems befinden sich die letzten beiden Zahlen nicht in ihrer natürlichen Reihenfolge. Das Problem besteht darin, die Quadrate so zu verschieben, ohne sie aus dem Kasten zu heben, bis alle Zahlen in ihrer natürlichen Reihenfolge stehen und das freie Feld sich in der unteren, rechten Ecke wie zuvor befindet. Um 1870 erfreute sich das Fünfzehner-Spiel

enormer Beliebtheit und zahlreiche Artikel über das Spiel erschienen in mathematischen Zeitschriften.
Loyd bot einen Preis von 1.000 $ für eine korrekte Lösung des Problems an. Tausende von Menschen schworen, es gelöst zu haben, aber niemand

Abb. 30

1	2	3	4
5	6	7	8
9	10	11	12
13	15	14	

a)

R	A	T	E
Y	O	U	R
M	I	N	D
P	A	L	

b)

konnte seine Züge rekonstruieren, um sie festzuhalten und den Preis in Empfang zu nehmen. *Loyds* Preis war sicher, denn das Problem ist unlösbar. Von den mehr als 20 Billionen möglichen Anordnungen der Quadrate läßt sich genau die Hälfte durch Verschieben der Quadrate aus der abgebildeten Anordnung herstellen. Die übrigen mehr als 10 Billionen Stellungsmöglichkeiten, einschließlich der vorliegenden, haben eine andere „Ordnung" (um die Sprache der Permutationsrechnung zu benutzen) und können nicht von einer Stellung der entgegengesetzten Ordnung erreicht werden.
Das Spiel wurde manchmal gespielt, indem die Quadrate wahllos in dem Kästchen verteilt wurden, und man versuchte dann, die Quadrate durch Gleiten in ihre natürliche Reihenfolge zu bringen. Die Wahrscheinlichkeit, Erfolg zu haben, beträgt offenbar $^1/_2$. Eine einfache Methode, festzustellen, ob irgendeine Anordnung A in eine andere Anordnung B übergeführt werden kann, besteht darin, nachzuprüfen, wie viele „Vertauschungen" nötig sind, um A in B zu überführen (dabei besteht eine „Vertauschung" im Entfernen zweier Quadrate aus dem Kästchen und ihrem Vertauschen). Ist die Anzahl der nötigen Vertauschungen gerade, dann haben A und B gleiche Ordnung und sie lassen sich daher durch Gleiten ineinander überführen.
Auf der Tatsache, daß eine einzige Vertauschung von zwei Quadraten automatisch die Ordnung ändert, beruht eine boshafte Version des Rätsels, welche vor einigen Jahren auf den Markt gebracht wurde. Hierbei sind die Quadrate nicht wie üblich numeriert, sondern mit Buchstaben wie in Abb. 30b versehen. RATE und YOUR sind auf Quadraten der gleichen Farbe, MIND und PAL auf Quadraten einer anderen Farbe geschrieben. Man zeigt nun diese Anordnung dem Opfer

und bringt dann die Buchstaben durch wahlloses Verschieben der Quadrate durcheinander. Hierbei bringt man geschickt das R von YOUR in die linke obere Ecke, bevor man das Spiel dem Opfer überreicht. Dieses wird natürlich das R in der Ecke stehenlassen und den Rest der Quadrate in ihre richtige Anordung zu gleiten versuchen — ein unmögliches Unterfangen, da die Vertauschung der beiden R's die Ordnung geändert hat. Das günstigste, was der arme Kerl erreichen kann, ist:

RATE YOUR MIND PLA.

Loyds bestes Rätsel ist zweifellos das berühmte „Von der Erde weg" — Paradoxon, welches er 1896 patentieren ließ. Ein Pappkreis, der in der Mitte auf einem Pappquadrat befestigt ist, enthält auf seinem Rand die Bilder von 13 chinesischen Kriegern. Ein Teil jedes Kriegers ist auf dem Kreis, ein Teil auf dem darunterliegenden Quadrat aufgemalt. Wird die Scheibe etwas gedreht, dann passen die Teile anders zusammen und ein Krieger verschwindet völlig! Dieses Rätsel wurde so oft abgedruckt, daß wir in Abb. 31 die weniger bekannte aber in mancher Beziehung noch rätselhaftere Version „Teddy und die Löwen" zeigen. In der einen Lage der Scheibe sind 7 Löwen und 7 Jäger zu sehen; in der anderen Position erscheinen 8 Löwen und 6 Jäger. Wo kommt der achte Löwe her? Welcher Jäger verschwindet und was wird aus ihm?

1914, drei Jahre nach dem Tod seines Vaters, brachte *Loyd* Jr. eine ungeheure „Enzyklopädie von Rätseln" heraus, die bestimmt die größte Sammlung von Problemen ist, die jemals in einem Band erschien. Das folgende Problem ist diesem einmaligen, seit langem vergriffenen Werk entnommen. Es illustriert, wie genial es der alte Meister verstand, sich ein einfaches Problem, welches nicht mehr als klares Denken und den Umgang mit Brüchen voraussetzt, vorzunehmen, und es so zu dramatisieren, daß eine aufregende Herausforderung entsteht.

In Siam, so erklärt *Loyd*, werden zwei Arten von Fischen wegen ihrer Kampfqualitäten gezüchtet — ein langer weißer Barsch, Königsfisch genannt, und ein kleiner schwarzer Karpfen, Teufelsfisch genannt. „Ein solcher Haß besteht zwischen diesen beiden Arten, daß sie sich angreifen, sowie sie sich nur sehen, und sich zu Tode kämpfen." Ein Königsfisch kann mit Leichtigkeit einen oder zwei der kleinen Fische in wenigen Sekunden auffressen. Aber die Teufelsfische sind so behende und arbeiten so harmonisch zusammen, daß drei der kleinen Fische gerade einem großen gleichkommen und sie würden stundenlang ohne Resultat kämpfen. So klug und wissenschaftlich gehen sie beim Angriff vor, daß vier der kleinen Fische einen Großen in genau drei Minuten töten könnten und eine größere Zahl von Teufelsfischen würde einen Königsfisch genau proportional schneller fertigmachen.

Abb. 31
Loyds „Teddy und der Löwe"-Paradoxon. Oben sind sieben Löwen und sieben Jäger, unten acht Löwen und sechs Jäger zu sehen.

(Dies besagt, daß fünf Teufelsfische einen Königsfisch in 2 Minuten und 24 Sekunden, sechs in zwei Minuten, usw. töten würden).
Wenn vier Königsfische dreizehn Teufelsfischen gegenüberstehen, welche Seite würde den Kampf gewinnen und wie lange würde er dauern, vorausgesetzt, daß die kleinen Fische so wirksam wie nur möglich zusammenarbeiten?
Um eine Zweideutigkeit in den Voraussetzungen zu vermeiden, soll hier noch einmal deutlich zum Ausdruck gebracht werden, daß die Teufelsfische immer einen einzigen Königsfisch in Gruppen von drei oder vier angreifen und solange am großen Fisch bleiben, bis dieser erledigt ist. Wir können zum Beispiel nicht annehmen, daß, während 12 Teufelsfische die vier großen in Schach halten, der 13. Teufelsfisch hin- und herschwimmt, um alle Königsfische nacheinander zu töten. Lassen wir Brüche zu, dann kämen wir zu dem Schluß, daß, wenn vier Teufel einen König in drei Minuten töten, 13 Teufel einen König in $^{12}/_{13}$ Minuten oder vier Könige in $^{48}/_{13}$ Minuten (3 Minuten, 41 $^{7}/_{13}$ Sekunden) töten würden. Aufgrund derselben Überlegungen könnten wir schließen, daß 12 Teufel einen König in einer Minute ohne die Hilfe eines 13. Teufels erledigen würden — eine Schlußfolgerung, die offenbar Loyds Voraussetzung widerspricht, daß drei kleine Fische nicht imstande sind, einen König zu töten.

Arthur W. Burks, Professor für Philosophie an der Universität von Michigan, berichtete mir von dem interessanten Zusammenhang zwischen *Loyds* Fünfzehnerspiel und einem modernen elektronischen Rechengehirn. Beide haben eine endliche Zahl von Zuständen, jedem Zustand folgt ein anderer. Während eines jeden „runs" (Rechenvorgang) beginnt das Rechengehirn bzw. das Fünfzehnerspiel bei einem bestimmten Anfangszustand. Alle anderen Zustände lassen sich dann in zwei Gruppen einteilen: Die „zulässigen" Zustände, welche durch „inputs" erhalten werden können, und die „unzulässigen", die man nicht erreichen kann.

Lösungen

Bei dem Schachproblem setzt Weiß in drei Zügen matt, indem er den Bauer mit seinem Turm nimmt. Nimmt dann der schwarze Läufer den Turm, so geht Weiß mit dem Springer nach f3; Schwarz muß seinen Läufer entfernen und Weiß setzt matt, indem er mit seinem Bauer von g2 nach g4 geht. Hätte Schwarz den Springer anstelle des Turmes genommen, so würde Weiß mit dem Turm nach h3 gehen und Schach bieten, Schwarz würde seinen Läufer zwischen König und Turm stellen und Weiß würde wie im ersten Falle seinen Bauer nach g4 rücken und Schwarz matt setzen.
Nachdem die erste Kugel den weißen Springer zerstört hat, siegt Weiß in vier Zügen, indem er mit seinem Bauer den schwarzen Bauer nimmt. Geht Schwarz mit seinem Läufer nach e3, dann zieht der weiße Turm nach g4. Der schwarze Läufer begibt

sich daraufhin nach g5, worauf der weiße Turm nach h4 geht und Schach bietet. Der Läufer nimmt den Turm und Weiß gewinnt, indem er mit seinem Bauer nach g4 zieht.

Nachdem die zweite Kugel den weißen Bauer auf h2 zerstört hat, siegt Weiß in fünf Zügen, indem er mit seinem Turm nach b7 geht. Sollte dann Schwarz mit seinem Läufer nach e3 ziehen, dann sehen die weiteren Züge folgendermaßen aus: (2) T b7-bl, L e3-g5, (3) T bl-hl, L g5-h4, (4) T hl-h2, B f3-h2, (5) B g3-g4.

Sollte Schwarz beim ersten Zug mit dem Läufer nach gl gehen, so lauten die weiteren Züge so: (2) T b7-bl, L gl-h2, (3) T bl-dl, K k4-h4, (4) K f5-g6, beliebiger Zug, (5) dl-c4.

Hätte die erste Kugel den Turm von Weiß anstelle des Springers zerstört, so würde Weiß in sechs Zügen siegen, indem er mit dem Springer nach f3 zieht. Der beste Gegenzug von Schwarz wäre, mit seinem Läufer nach el zu gehen, was folgende Züge nach sich ziehen würde: (2) S f3-el, K h5-h4, (3) B h2-h3, K h4-h5, (4) S el-d3, K h5-h4, (5) S d3-f4, B h6-h5, (6) S f4-g6.

Die Jockeys können so auf die beiden Esel gesetzt werden (welche wie durch Zauberei plötzlich galoppieren), wie dies in Abb. 32 wiedergegeben ist. Abb. 33 zeigt einen

Abb. 32
Lösung des Esel-Problems

möglichen Ursprung für Loyds berühmtes Rätsel: eine persische Malerei aus dem frühen 17. Jahrhundert.

Was das Problem „Teddy und die Löwen" betrifft, so ist es sinnlos, zu fragen, welcher Löwe verschwunden oder welcher Jäger neu aufgetaucht ist. *Alle* Löwen und Jäger verschwinden, wenn die Scheibe gedreht wird — es entsteht dann eine neue Menge von acht Löwen, jeder um $^1/_8$ kleiner als zuvor, und sechs Jägern, jeder um $^1/_6$ größer als zuvor.

Zur Lösung des Fischkampf-Problems gibt es viele Möglichkeiten. Es folgt Loyds eigene charakteristische Lösungsbeschreibung:

„Drei großen Fischen stehen je drei kleine Fische gegenüber, um sie abzulenken,

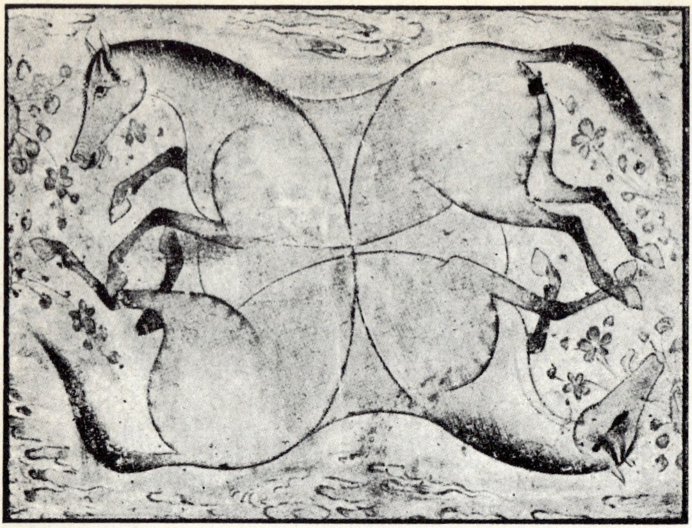

Abb. 33
Persische Malerei aus dem siebzehnten Jahrhundert (Museum of Fine Arts, Boston)

während die übrigen vier kleinen Kämpfer den vierten großen Kerl in genau drei Minuten erledigen. Daraufhin stürzen sich fünf kleine Fische auf einen der großen und töten ihn in 2 Minuten und 24 Sekunden, während die übrigen kleinen mit den verbleibenden großen Fischen kämpfen.
Es leuchtet ein, daß die restlichen zwei Gruppen, wäre ihnen noch ein weiterer Kämpfer zu Hilfe gekommen, beide in derselben Zeit fertig sein würden, so daß jeder der beiden großen Fische nur noch 2 Minuten und 24 Sekunden lang Widerstand leisten kann. Wenn nun sieben kleine Kämpfer anstelle von einem angreifen, so dauert der Kampf nur ein siebentel so lange, also $20\,^4/_7$ Sekunden.
Beim Aufteilen der Zahl der kleinen Kämpfer gegen die beiden großen Fische — einer wird von sieben, der andere von sechs angegriffen — würde der am Ende der $20\,^4/_7$ Sekunden übrigbleibende Königsfisch immer noch gegen einen Teufelsfisch einen Widerstand leisten, der genausoviel Zeit in Anspruch nimmt. Wenn nun alle dreizehn kleinen Kerle ihren Angriff gegen den letzten König konzentrieren, so würden sie ihm in einem dreizehntel dieser Zeit, d.h. in $1\,^{53}/_{91}$ Sekunden den Garaus machen.
Addieren wir nun die einzelnen Kampfphasen — 3 Minuten, 2 Minuten, 24 Sekunden, $20\,^4/_7$ Sekunden, $1\,^{53}/_{91}$ Sekunden — so ergibt sich als Gesamtdauer des Kampfes 5 Minuten und $46\,^2/_{13}$ Sekunden."

Neun Probleme

1. Die berührenden Zigaretten

Vier Golfbälle können so placiert werden, daß jeder Ball die anderen drei berührt. Fünf Markstücke lassen sich so anordnen, daß jede Münze die anderen vier berührt (siehe Abb. 34).

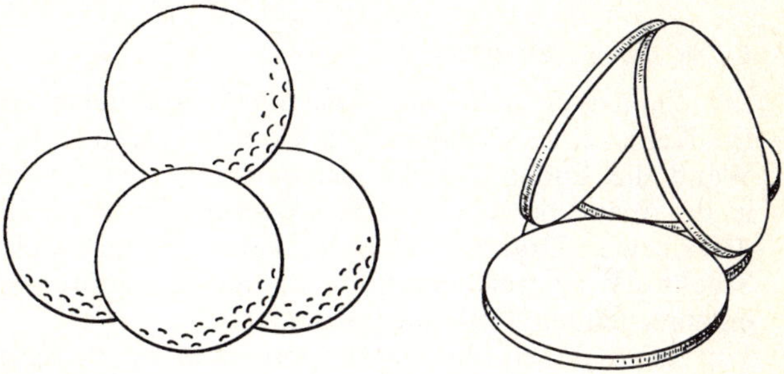

Abb. 34

Ist es möglich, sechs Zigaretten so anzuordnen, daß jede die anderen fünf berührt? Die Zigaretten dürfen nicht geknickt oder zerbrochen werden.

2. Zwei Fährboote

Zwei Fährboote legen zur gleichen Zeit an gegenüberliegenden Stellen eines Flusses ab und schwimmen im rechten Winkel zum Ufer durch das Wasser. Jedes Boot hat eine konstante Geschwindigkeit, aber das eine ist schneller als das andere. Sie kreuzen sich an einem Punkt, der 720 m vom nächsten Ufer entfernt ist. Beide Boote halten sich 10 Minuten an ihren Anlegeplätzen auf, bevor sie wieder ablegen. Auf dem Rückweg treffen sie sich 400 m vom anderen Ufer entfernt. Wie breit ist der Fluß?

3. Ermittle die Diagonale

Ein Rechteck ist einem Kreisquadranten einbeschrieben (Abb. 35). Kannst du auf Grund der angegebenen Längen genau die Länge der Diagonale $\overline{AC}$ bestimmen?
Zeit: Eine Minute!

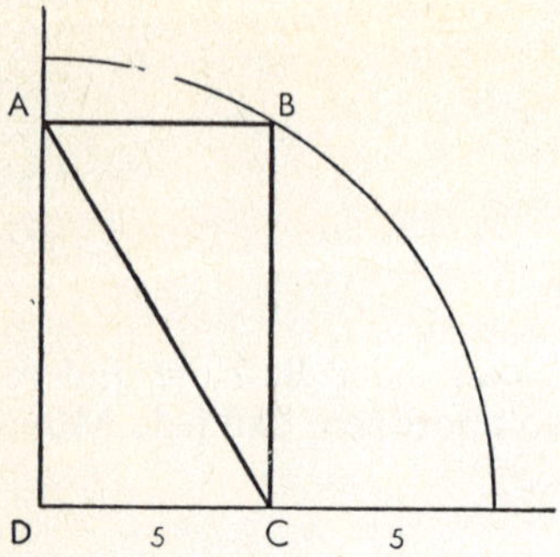

Abb. 35

4. Der tüchtige Elektriker

Ein Elektriker sieht sich folgendem ärgerlichen Dilemma gegenüber. Im Keller eines dreistöckigen Hauses findet er in einem Loch in der Wand die Enden von 11 gleichaussehenden Drähten. In einem Loch in der Wand des obersten Stockwerkes findet er die anderen 11 Enden derselben 11 Drähte, aber er hat keine Ahnung, welches Ende im oberen Stockwerk zu welchem Ende im Keller gehört. Sein Problem ist, die entsprechenden Enden herauszufinden.

Um seine Arbeit durchzuführen, kann er zweierlei machen:

1. Er kann die Drähte kurzschließen, indem er zwei Enden in beliebiger Weise verbindet.
2. Er kann nach einem geschlossenen Stromkreis mit Hilfe einer Batterie und einer Klingel suchen. Die Klingel läutet, wenn die Batterie an die zwei Enden eines zusammenhängenden Drahtes angeschlossen ist.

Da der Elektriker sich nicht durch dauerndes Treppensteigen ermüden will und da er ferner ein leidenschaftliches Interesse am theoretischen Lösen von Problemen hat, setzt er sich im obersten Stockwerk mit Bleistift und Papier hin und entwickelt die arbeitsparendste Methode, die Drähte zu identifizieren. Wie ist seine Methode?

5. Kreuze das Netz

Eines der ältesten topologischen Rätsel, welches vielen Schulkindern bekannt ist, besteht darin, eine kontinuierliche Kurve durch das geschlossene Netz der Abb. 36 so zu ziehen, daß alle sechzehn Segmente des Netzes genau einmal gekreuzt werden. Die hier abgebildete Kurve löst das Problem nicht, da ein Segment nicht gekreuzt wird. Keine „Trick"-Lösungen sind erlaubt, d.h. die Kurve darf nicht durch Eckpunkte oder entlang eines Segmentes führen, das Papier darf nicht gefaltet werden, usw.

Es ist nicht schwer, zu beweisen, daß das Problem nicht auf einer ebenen Fläche gelöst werden kann.
Zwei Fragen: Kann es auf der Oberfläche einer Kugel gelöst werden? Wie verhält es sich mit der Lösung auf der Oberfläche eines Torus?

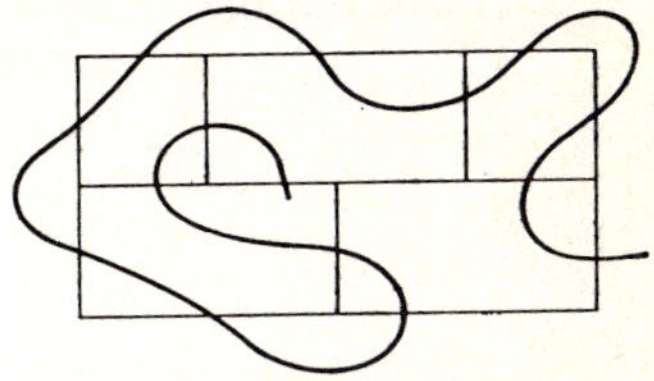

Abb. 36

6. Die zwölf Streichhölzer

Unter der Voraussetzung, daß ein Streichholz eine Längeneinheit darstellt, ist es möglich, Polygone mit zusammenhängenden Flächen auf viele Weisen herzustellen. Abb. 37 zeigt zwei solcher Polygone:

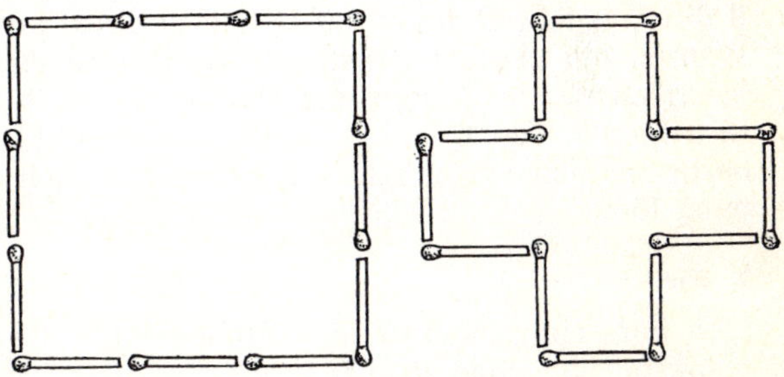

Abb. 37

Ein Quadrat mit einer Fläche von neun Quadrateinheiten und ein Kreuz mit einer Fläche von 5. Das Problem lautet: Man verwende alle 12 Streichhölzer (die vollständige Länge eines Streichholzes muß ausgenutzt werden) und bilde ein Polygon mit einer Fläche von genau vier Quadrateinheiten.

7. Das Loch in der Kugel

Dieses unglaubhafte Problem — unglaubhaft, weil es scheinbar nicht genügend Angaben zur Lösung enthält — erschien kürzlich in einer Ausgabe von „*The Graham Dial*", einer Veröffentlichung von Graham Transmission Inc. Ein zylindrisches Loch von sechs Zentimeter Länge ist genau durch den Mittelpunkt einer Kugel gebohrt worden. Wie groß ist der Inhalt der verbleibenden Kugel?

8. Die verliebten Wanzen

Vier Wanzen — A, B, C und D — befinden sich in den Ecken eines Quadrates von 10 Zentimeter Seitenlänge (Abb. 38). A und C sind

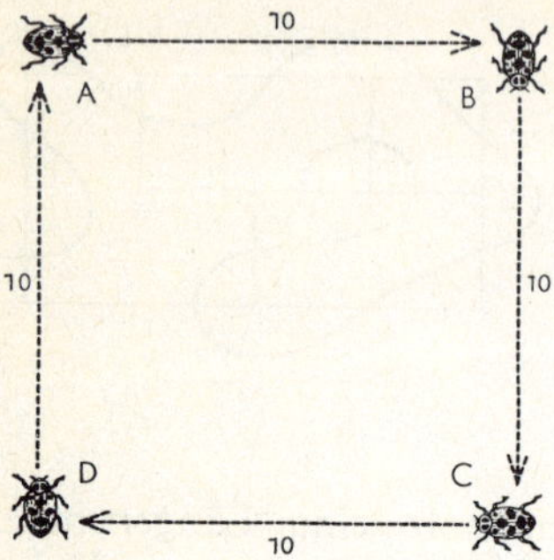

Abb. 38

männlich, B und D weiblich. Gleichzeitig kriecht nun A direkt auf B, B direkt auf C, C direkt auf D und D direkt auf A zu. Wenn alle vier Wanzen mit gleicher konstanter Geschwindigkeit kriechen, dann beschreiben sie vier kongruente logarithmische Spiralen, welche sich im Mittelpunkt des Quadrats treffen. Wie weit krabbelt jede Wanze, bevor sie sich treffen? Das Problem läßt sich ohne Differentialrechnung lösen.

9. Wieviele Kinder?

„Ich höre einige Kinder im Garten spielen", sagte Jones, ein Mathematikstudent. „Sind es alles Ihre?"

„Um Gotteswillen, nein", antwortete Professor Smith, der bekannte Zahlentheoretiker. „Meine Kinder spielen noch mit Freunden aus drei anderen Familien der Nachbarschaft, allerdings haben wir die meisten Kinder. Die Browns haben weniger Kinder, die Greens noch weniger und die Blacks haben schließlich die wenigsten."

„Wieviele Kinder sind es denn zusammen?", fragte Jones. „Lassen Sie es mich folgendermaßen formulieren", erwiderte Smith. „Es sind weniger als 18 Kinder und das Produkt der Anzahl der Kinder aus jeder der vier Familien ergibt gerade meine Hausnummer, die Sie bei Ihrer Ankunft sahen." Jones griff sich ein Notizbuch und einen Bleistift aus der Tasche und begann zu schreiben. Kurze Zeit später blickte er auf und meinte: „Ich brauche mehr Informationen. Hat die Familie Black mehr als ein Kind?" Sowie Smith geantwortet hatte, lächelte Jones und konnte genau die Zahl der Kinder in jeder Familie angeben.

Da er die Hausnummer kannte und wußte, ob die Blacks mehr als ein Kind haben, fand Jones das Problem trivial. Es ist jedoch bemerkenswert, daß die Zahl der Kinder in jeder der vier Familien auch nur auf Grund der oben angegebenen Informationen bestimmt werden kann.

Lösungen

1. Es gibt mehrere Anordnungsmöglichkeiten für 6 Zigaretten. Abb. 39 zeigt die herkömmliche Lösung, wie sie in verschiedenen älteren Rätselbüchern zu finden ist. Zu meinem großen Erstaunen entdeckten ungefähr 15 Leser, daß man auch *sieben* Zigaretten so anordnen kann, daß jede die anderen sechs berührt! Natürlich wird hierdurch das ältere Rätsel überholt. Abb. 40, die mir von George Rybucki und

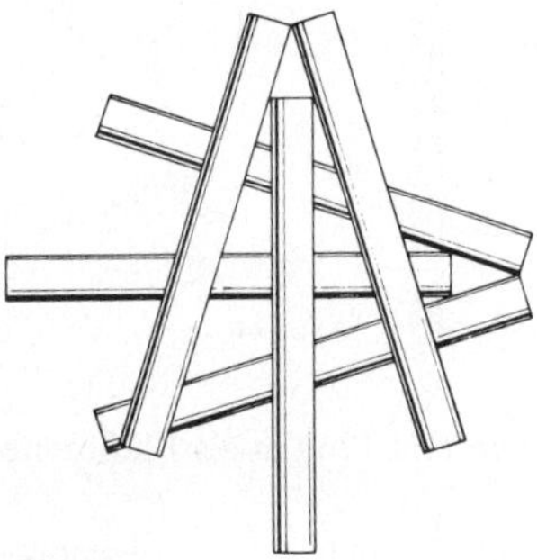

Abb. 39

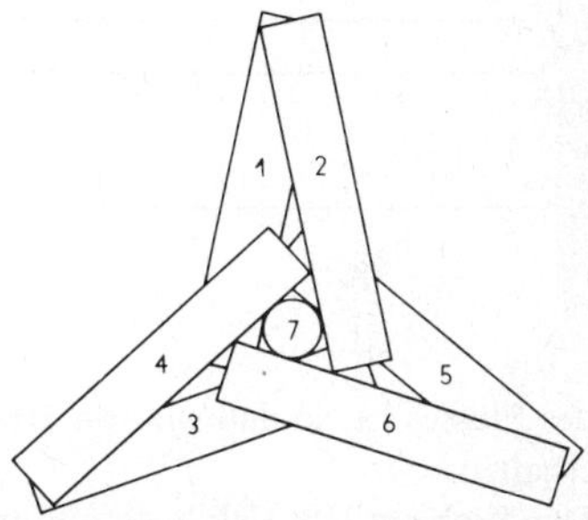

Abb. 40

John Reynolds, zwei Physikstudenten von Harvard, zugesandt wurde, zeigt, wie es gemacht wird. „Die Abbildung stellt den kritischen Fall dar," so schrieben sie, „wo das Verhältnis von Länge zu Durchmesser der Zigaretten $^7/_2\sqrt{3}$ beträgt. Hier befinden sich die Berührungspunkte genau an den Enden der Zigaretten. Die Lösung behält offenbar ihre Gültigkeit für alle Verhältnisse von Länge zu Durchmesser, die größer als $^7/_2\sqrt{3}$ sind. Untersuchungen an wirklichen Zigaretten von normalem Format ergaben ein Verhältnis von ca. 8:1, was tatsächlich größer als $^7/_2\sqrt{3}$ ist, so daß die angegebene Lösung wirklich akzeptabel ist." Man beachte, daß beim Entfernen der mittleren Zigarette, die senkrecht zur Bildebene steht, die übrigen sechs eine schöne symmetrische Lösung für das ursprüngliche Problem darstellen.

2. Wenn sich die Fährboote zum ersten Mal treffen (oberes Bild in Abb. 41), dann ist die von beiden Booten zusammen zurückgelegte Entfernung gerade gleich der Breite des Flusses. Beim Erreichen des gegenüberliegenden Ufers gleicht die zurückgelegte Entfernung der doppelten Breite des Flusses. Kreuzen sie sich das zweite Mal (unteres Bild in Abb. 41), dann ist die gesamte Entfernung gleich der dreifachen

Breite des Flusses. Da beide Boote gleich lange mit konstanter Geschwindigkeit fuhren, muß jedes Boot dreimal so weit geschwommen sein, als nach dem ersten Treffen, wo sie zusammen genau eine Flußbreite zurückgelegt hatten. Da das weiße Boot bis zum ersten Treffen 720 m zurückgelegt hatte, beträgt seine gesamte geschwommene Entfernung beim zweiten Treffen 3×720 oder 2160 m. Die untere Zeichnung zeigt deutlich, daß diese Entfernung genau um 400 m länger als die Breite

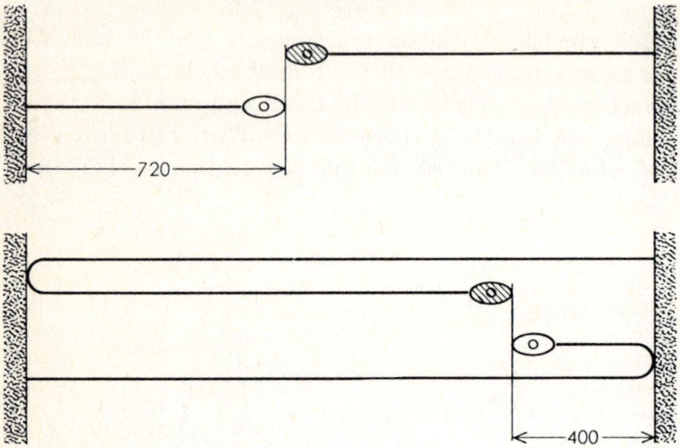

Abb. 41

des Flusses ist, so daß wir von 2160 m 400 m subtrahieren und 1760 m als Flußbreite erhalten.

Das Problem läßt sich auch auf andere Weise lösen. Viele Leser lösten es folgendermaßen. x sei die Flußbreite. Nach der ersten Überfahrt beträgt das Verhältnis der Entfernungen, die von beiden Booten zurückgelegt wurden $(x-720):720$. Nach der zweiten Fahrt beträgt es $(2x-400):(x+400)$. Diese Quotienten sind gleich, so daß sich leicht x ergibt (Das Problem erscheint in *Sam Loyds* „Cyclopedia of Puzzles" 1914, Seite 80).

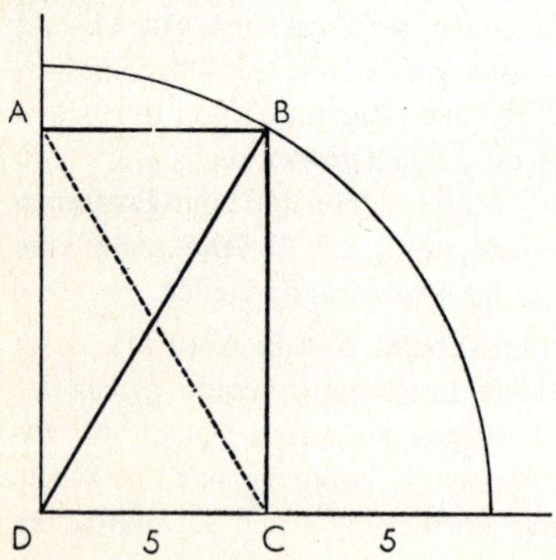

Abb. 42

3. Die Strecke $\overline{AC}$ ist eine Diagonale des Rechtecks (Abb. 42). Die andere Diagonale ist gerade der 10 Einheiten lange Radius des Kreises. Da beide Diagonalen gleich lang sind, ist die Strecke $\overline{AC}$ auch 10 Einheiten lang.

4. Im obersten Stockwerk verbindet der Elektriker 10 Drähte zu fünf Paaren (die zu Paaren verbundenen Drähte sind in Abb. 43 durch gestrichelte Linien dargestellt) und läßt einen Draht frei. Dann begibt er sich in den Keller und ermittelt die anderen Enden der verbundenen Paare mit Hilfe der Batterie und der Klingel. Er beschriftet die Enden wie angedeutet und verbindet sie in der durch die gestrichelten Linien angegebenen Weise.

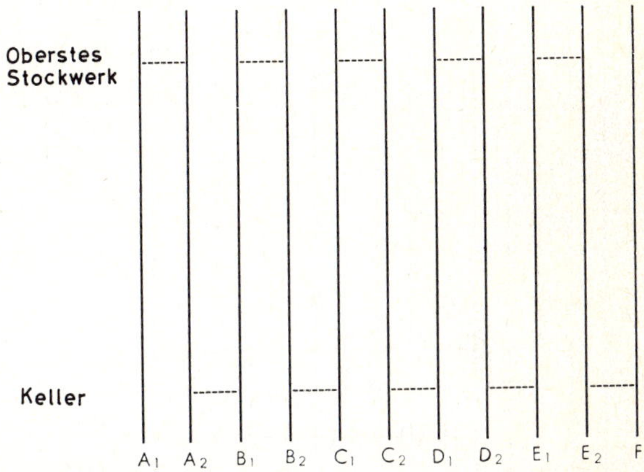

Abb. 43

Wieder im obersten Stock angelangt entfernt er alle Verbindungen, aber markiert alle Enden, so daß die Paare immer noch zu identifizieren sind. Zwischen dem freien Draht (von dem er weiß, daß er das andere Ende von F ist) und irgendeinem anderen Draht versucht der Elektriker nun einen geschlossenen Stromkreis ausfindig zu machen. Sowie er den anderen Draht findet, beschriftet er ihn mit E2 und den zu ihm gehörigen anderen Draht mit E1. Sodann sucht er den Draht auf, der mit E1 einen geschlossenen Stromkreis bildet und nennt ihn D2 und den zu D2 gehörigen „Partner" D1. Indem er auf diese Weise mehrmals vorgeht, kann er alle Enden identifizieren. Offensichtlich ist die angegebene Methode nur auf eine ungerade Zahl von Drähten anwendbar.

J. G. Fletcher aus Princeton, New Jersey, gab als erster einen Weg an, wie man die obige Methode m einer leichten Abänderung auf jede beliebige gerade Zahl von Drähten außer zwei anwenden kann. Man nehme an, daß noch ein zwölfter Draht sich am rechten Ende der Abbildung befindet. Man bildet im obersten Stockwerk dieselben 5 Paare und läßt zwei Enden frei. Im Keller werden die Drähte ebenfalls wie vorher verbunden und der zwölfte Draht wird mit G beschriftet. Im oberen Stock läßt sich G schnell ermitteln, da er der einzige Draht ist, der keinen geschlossenen

Stromkreis zuläßt. Die restlichen 11 Drähte werden dann, wie oben beschrieben, beschriftet.

Eine noch bessere Methode, welche sich auf alle Fälle mit Ausnahme von zwei Drähten (in diesem Fall gibt es keine Lösung) anwenden läßt, wurde von den folgenden Personen eingesandt: *D. N. Buell*, Detroit; *R. Esdon-Dew*, Durban, Südafrika; *Louis Katz* und *Fremont Reizman*, Physikstudenten an der Universität von Wisconsin und *Danforth K. Gannet*, Denville, New Jersey. Mr. *Gannet* erläuterte seine Methode deutlich an dem Diagramm für 15 Drähte, welches in Abb. 44 abgebildet ist. Seine

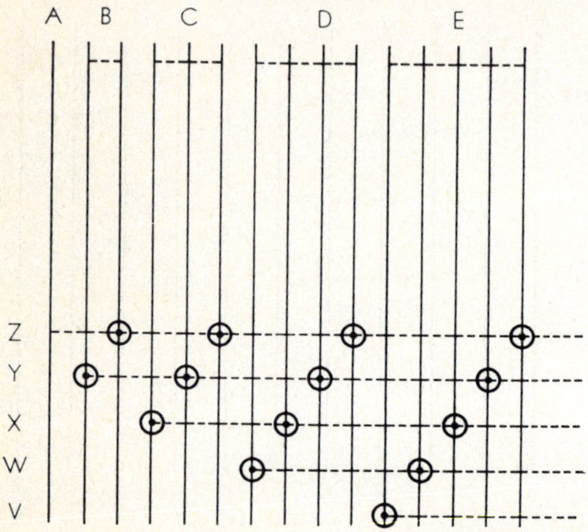

Abb. 44

Beschriftungsmethode geht folgendermaßen vor sich:

A) Oberster Stock: Man verbinde die Drähte in Gruppen von 1, 2, 3, 4 und nenne die Gruppen A, B, C, D. Die letzte Gruppe braucht nicht notwendig vollständig zu sein.

B) Keller: Man ermittle die anderen Enden der Gruppen mit Hilfe von Batterie und Klingel. Man numeriere die Drähte durch und verbinde sie zu den Gruppen Z, Y, X, W, V.

C) Oberster Stock: Man entferne die Verbindungsdrähte. Durch Batterie und Klingel lassen sich nun alle Drähte eindeutig identifizieren. Draht 1 ist natürlich A. Draht 2 ist der einzige Draht in Gruppe B, der mit 1 einen geschlossenen Stromkreis bildet. Sein „Partner" ist 2. In Gruppe C bildet nur Draht 6 mit 1 einen Stromkreis. Nur 5 bildet einen mit Draht 2. Der verbleibende Draht in C ist 4. So geht es entsprechend mit den anderen Gruppen weiter.

Die Skizze kann nach rechts beliebig erweitert werden. Um die Methode für *n* Drähte zu bestimmen, erweitere man die Skizze einfach so lange, bis *n* Drähte abgebildet sind (s. [30]).

5. Eine zusammenhängende Kurve, die in eines der rechteckigen Felder hinein- und wieder herausführt, muß notwendig zwei Segmente schneiden. Da die Felder, die in der Abb. 45 A, B und C genannt sind, jeweils von einer ungeraden Zahl von

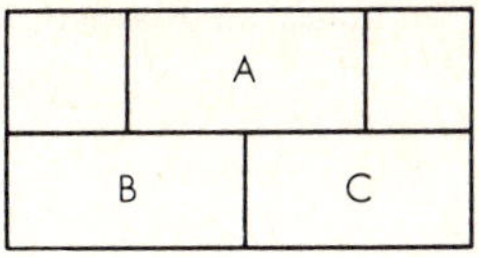

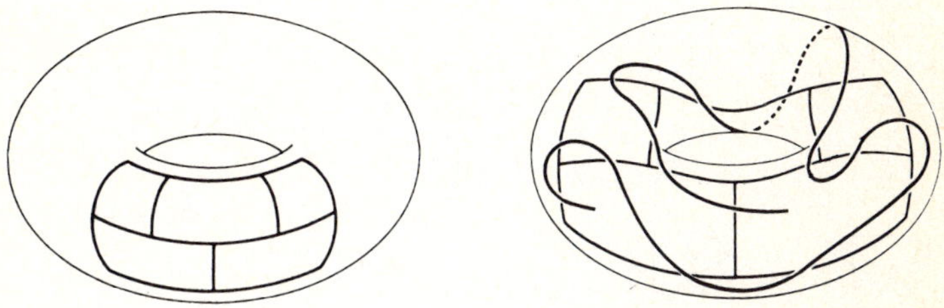

Abb. 45

Segmenten umgeben sind, muß ein Ende der Kurve in jedem Rechteck sein, wenn alle Segmente von ihr gekreuzt werden sollen. Da aber eine zusammenhängende Linie nur zwei Enden besitzt, ist das Rätsel auf einer ebenen Fläche unlösbar. Der gleiche Gedankengang trifft auch auf ein Netz auf einer Kugeloberfläche oder einer Torusfläche zu (Abb. 45 unten links). Jedoch läßt sich das Netz so auf einem Torus zeichnen, daß das Loch des Torus im Innern eines der drei Felder, A, B oder C ist (Abb. 45 unten rechts). Ist dies der Fall, dann läßt sich das Problem leicht lösen.

6. Zwölf Streichhölzer können ein rechtwinkliges Dreieck mit den Seiten 3, 4, 5 bilden, wie dies Abb. 46 zeigt. Dieses Dreieck hat jedoch einen Flächeninhalt von 6 Quadrat-

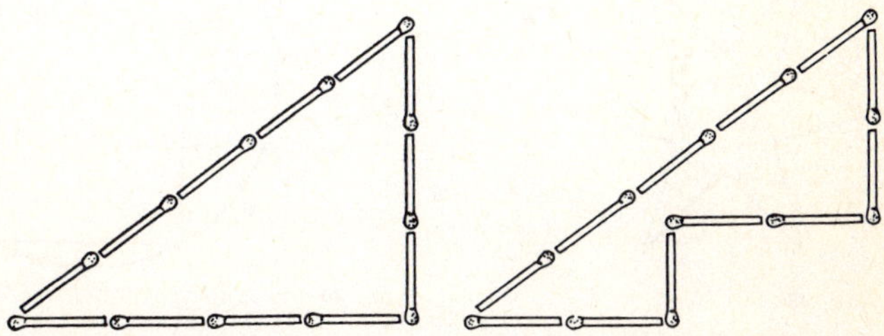

Abb. 46

einheiten. Durch Umlegen von drei Hölzern entsprechend der rechten Abb. 46 wird die Fläche um 2 Quadrateinheiten verringert, so daß sich ein Polygonzug mit einer Fläche von 4 Quadrateinheiten ergibt.

Dies ist eine Lösung, die man in vielen Rätselbüchern findet. Es gibt hunderte von anderen Lösungen. *Eltan M. Palmer* aus Oakmont, Pennsylvania, wies darauf hin, daß alle 5 Tetromini (Figuren, die aus vier Quadraten gebildet werden können) die Grundlage für eine große Zahl von Lösungen bilden. Man addiert und subtrahiert einfach den gleichen Flächeninhalt an Flächen, bis alle 12 Streichhölzer verbraucht sind. Abb. 47 gibt einige Beispiele wieder, wobei jede Reihe auf einem anderen Tetromino beruht.

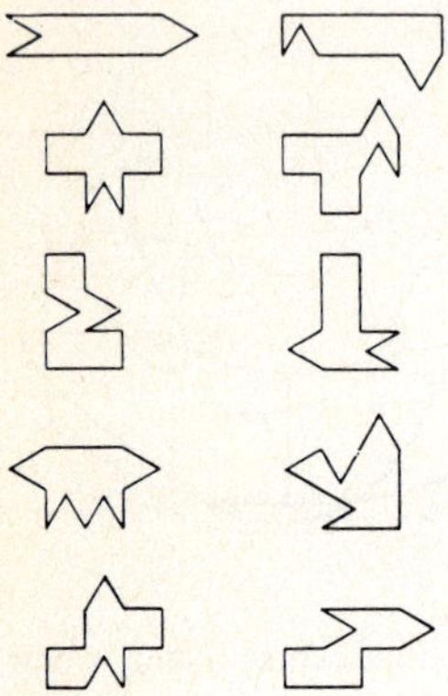

Abb. 47

Eugene J. Putzer, Wissenschaftler bei General Dynamics Corp., *Charles Shapiro* aus Oswego, New York und *Hugh J. Metz* aus Oak Ridge, Tennessee, schlugen eine Sternlösung (Abb. 48) vor. Durch Variation der Entfernung der Endpunkte des

Abb. 48

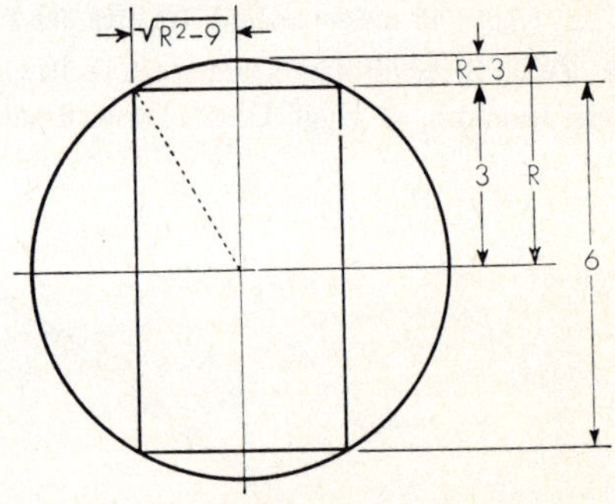

Abb. 49

Sterns läßt sich jede Fläche zwischen 0 und 11,196, der Fläche eines regelmäßigen Zwölfecks — der größtmöglichen mit 12 Hölzern zu erreichenden Fläche — herstellen.

7. Ohne Differentialrechnung läßt sich das Problem wie folgt lösen. *R* sei der Radius der Kugel. Wie man aus Abb. 49 entnimmt, beträgt dann der Radius des zylindrischen

Loches $\sqrt{R^2-9}$ und die Höhe der Kugelkappen an jedem Ende des Zylinders ist $R - 3$. Um das Volumen zu bestimmen, welches nach Entfernen des Zylinders und der beiden Kugelkappen übrigbleibt, addieren wir das Zylindervolumen $6\pi(R^2-9)$ zu dem doppelten Inhalt einer Kugelkappe und subtrahieren diese Summe vom Gesamtvolumen der Kugel ($^4/_3\pi R^3$). Das Volumen einer Kugelkappe ergibt sich aus der folgenden Formel, in der A die Höhe und r ihr Radius ist:

$$\frac{\pi A(3r^2+A^2)}{6}$$

Bei der Durchführung der Rechnung heben sich alle Glieder auf, außer 36π, was gerade das Volumen des Restkörpers in cm^3 ist. Mit anderen Worten ist das Volumen konstant, ganz unabhängig von dem Durchmesser des Loches und der Größe der Kugel!

Die erste Bemerkung über dieses nette Problem fand ich auf Seite 86 des Buches „Mathematical Nuts" [29]. Ein analoges zweidimensionales Problem erscheint auf der Seite 93 desselben Werkes.

Gegeben ist die längste mögliche Strecke, welche im Innern eines Kreisringes beliebiger Größe gezeichnet werden kann (Abb. 50), wobei die Kreisringfläche denselben

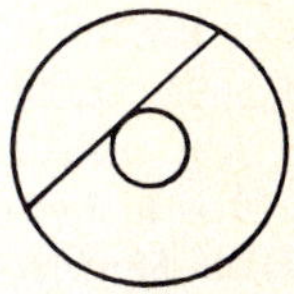

Abb. 50

Inhalt hat wie die Fläche des Kreises, der die Strecke als Durchmesser besitzt.

John W. Campbell, Jr., Herausgeber von „Astounding Science Fiction" war einer der Leser, welche das Kugelproblem schnell durch den folgenden gewandten Gedankengang lösten: Das Problem wäre nicht gestellt worden, wenn es nicht eine eindeutige Lösung hätte. Hat es aber eine eindeutige Lösung, dann muß das Volumen eine Konstante sein, die ihren Wert auch beibehält, wenn der Radius des Loches Null wird. Infolgedessen muß das gesuchte Volumen gleich dem Inhalt einer Kugel mit einem Durchmesser von 6 cm sein, also $36\,\pi$ betragen.

8. Zu jedem Zeitpunkt bilden die vier Wanzen die Ecken eines Quadrates, welches ständig schrumpft und dabei rotiert, während die Wanzen sich immer näher kommen. Der Weg eines jeden Verfolgers steht daher stets senkrecht auf dem Weg des Verfolgten. Dies besagt, daß bei Annäherung von A an B keine Komponente in B's Bewegung auftritt, die B in Richtung von A oder von A wegführt. Daher wird A mit B in derselben Zeit zusammentreffen, als wenn B im Ruhezustand geblieben wäre. Die Länge einer jeden Spirale ist also gleich der Seitenlänge des Quadrates: 10 cm. Würden drei Wanzen von den Ecken eines gleichseitigen Dreiecks aufbrechen dann würde die Bewegung einer jeden Wanze eine Komponente von $^1/_2$ ($\cos 60° = {}^1/_2$)

ihrer Geschwindigkeit besitzen, die sie in Richtung ihres Verfolgers führt. Zwei Wanzen haben daher eine Gesamtannäherungsgeschwindigkeit von $^3/_2$ ihrer Geschwindigkeit. Die Wanzen treffen sich im Mittelpunkt des Dreiecks nach einem Zeitintervall, welches gleich der doppelten Seite des Dreiecks dividiert durch das dreifache ihrer Geschwindigkeit ist, wobei jede einen Weg von $^2/_3$ der Seitenlänge des Dreiecks zurücklegt.

9. Als Jones sich mit dem Problem des Professors zu beschäftigen begann, wußte er, daß jede der vier Familien eine andere Anzahl von Kindern hat und daß die Gesamtzahl der Kinder weniger als 18 ist. Weiter war ihm bekannt, daß das Produkt der vier Zahlen gerade die Hausnummer der Professors ergab. Daher war sein erster Schritt, die Hausnummer in 4 verschiedene Faktoren zu zerlegen, deren Summe weniger als 18 ist. Wäre die Zerlegung eindeutig gewesen, dann hätte er das Problem sofort lösen können. Da er es nicht ohne weitere Informationen lösen konnte, schließen wir, daß die Zerlegung auf mehr als eine Weise möglich war.
Unser nächster Schritt besteht nun darin, alle möglichen Kombinationen von vier verschiedenen Zahlen, deren Summe kleiner als 18 ist, aufzuschreiben, und die Produkte aller dieser Kombinationen zu bilden. Hierbei finden wir viele Fälle, in denen mehrere Kombinationen dasselbe Produkt ergeben. Wie können wir entscheiden, welches Produkt die Hausnummer ist?
Der Schlüssel liegt darin, daß Jones fragte, ob mehr als ein Kind in der kleinsten Familie ist. Diese Frage hat nur dann einen Sinn, wenn die Hausnummer 120 ist welche man folgendermaßen zerlegen kann:
$120 = 1 \cdot 3 \cdot 5 \cdot 8$ oder $120 = 1 \cdot 4 \cdot 5 \cdot 6$ oder $120 = 2 \cdot 3 \cdot 4 \cdot 5$.
Hätte Smith mit „Nein" geantwortet, so wäre das Problem ungelöst geblieben. Da Jones es aber löste, muß die Antwort „Ja" gelautet haben. Die Familien haben daher 2, 3, 4 und 5 Kinder. Dieses Problem wurde von *Lester R. Ford* erfunden und in „American Mathematical Monthly", veröffentlicht ([31]).

Nim und Tac Tix

Eines der ältesten und amüsantesten mathematischen Zweipersonenspiele ist heute als Nim bekannt. Wahrscheinlich chinesischen Ursprungs, wird es manchmal von Kindern mit Papierkügelchen oder von Erwachsenen mit Münzen auf einer Bartheke gespielt. In der verbreitesten Version des Spieles werden 12 Münzen wie in Abb. 51 in drei waagerech-

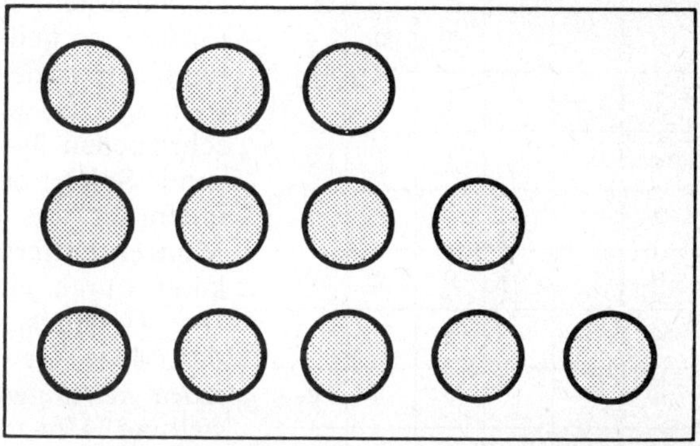

Abb. 51
Zwölf Münzen, die eine „3-4-5"-Stellung im Spiel Nim bilden

ten Reihen angeordnet. Die Spielregeln sind einfach. Die Spieler entfernen abwechselnd mindestens eine Münze, auf jeden Fall aber stets nur Münzen aus *einer* waagerechten Reihe. Wer die letzte Münze entfernt hat, der ist Sieger. Diese Regel läßt sich auch umkehren: Wer die letzte Münze wegnimmt, hat verloren. Ein guter Spieler wird schnell bemerken, daß er in jeder der beiden Spielversionen garantiert gewinnen kann, wenn einer seiner Züge zwei Reihen mit gleicher Münzanzahl (mindestens je zwei) zurückläßt; oder wenn nach einem Zug eine Münze in der ersten, zwei in der zweiten und drei Münzen in der dritten Reihe liegen. Der anfangende Spieler ist des Sieges sicher, wenn er beim ersten Zug zwei Münzen aus der ersten Reihe wegnimmt und dann „geeignet" weiterspielt.

Diese Analyse des Spiels hat nichts großartiges an sich, aber um die Jahrhundertwende wurde eine interessante Entdeckung an dem Spiel gemacht. Man stellte nämlich fest, daß das Spiel auf jede Anzahl von Reihen und beliebige Münzanzahl in jeder Reihe verallgemeinert werden kann, und daß eine lächerlich einfache Strategie, die auf binären Zahlen beruht, jeden Spieler befähigt, ein perfektes Spiel zu spielen. Eine genaue Analyse mit einem exakten Beweis wurde zuerst im Jahre 1901 von *Charles Leonard Bouton*, einem Professor für Mathematik an der Harvard Universität, veröffentlicht [32]. Übrigens war es auch *Bouton*, der dem Spiel den Namen „Nim" gab, wahrscheinlich nach einem germanischen Verb, welches wegnehmen oder stehlen („nimm") bedeutet.

	16	8	4	2	1
1					1
2				1	0
3				1	1
4			1	0	0
5			1	0	1
6			1	1	0
7			1	1	1
8		1	0	0	0
9		1	0	0	1
10		1	0	1	0
11		1	0	1	1
12		1	1	0	0
13		1	1	0	1
14		1	1	1	0
15		1	1	1	1
16	1	0	0	0	0
17	1	0	0	0	1
18	1	0	0	1	0
19	1	0	0	1	1
20	1	0	1	0	0

Abb. 52
Tafel der Binärzahlen für das Spiel Nim

In *Boutons* Terminologie ist jede Kombination von Münzen im verallgemeinerten Spiel entweder eine „Gewinnstellung" oder eine „Verluststellung". Wenn die Stellung, die einer der Spieler hergestellt hat, dessen Gewinn garantiert, so heißt sie eine „Gewinnstellung"; im anderen Falle eine „Verluststellung". So stellt z.B. im oben beschriebenen 3—4—5-Spiel der anfangende Spieler eine Gewinnstellung her, indem er aus der obersten Reihe 2 Münzen entfernt. Jede Verluststellung kann durch einen geeigneten Zug in eine Gewinnstellung verwandelt werden. Jede Gewinnstellung wird durch *jeden beliebigen Zug* zu einer Verluststellung. Um gut zu spielen, muß also jeder Spieler so ziehen, daß er aus jeder Verluststellung eine Gewinnstellung herstellt.

Um zu ermitteln, ob eine gegebene Stellung Verlust- oder Gewinnstellung ist, werden die Anzahlen der Münzen in jeder Reihe im Binärsystem geschrieben. Ist die Summe in jeder Spalte Null oder eine gerade Zahl, so handelt es sich bei der gegebenen Stellung um eine Gewinnstellung. Andernfalls um eine Verluststellung.

Das Binärsystem hat nichts geheimnisvolles an sich. Es ist lediglich eine Schreibweise, in der jede Zahl als Summe von Potenzen von zwei dargestellt wird. Die nebenstehende Tabelle 52 gibt die binäre Schreibweise für die Zahlen von 1 bis 20 wieder. Man wird bemerken, daß die Spalten von rechts nach links wachsende Potenzen von 2 darstellen. So besagt die binäre Zahl 10101, daß 16 zu 4 und zu 1 addiert werden muß, was 21 als entsprechende Zahl im Dezimalsystem ergibt, welches auf Potenzen von 10 beruht. Um diese binäre Untersuchung auf die Anfangsstellung 3—4—5 von Nim anzuwenden, schreiben wir erst diese drei Zahlen im Binärsystem untereinander:

	4	2	1
3		1	1
4	1	0	0
5	1	0	1
Summe:	2	1	2

Die mittlere Spalte ergibt als Summe 1, woraus wir schliessen können, daß die 3—4—5-Stellung eine Verluststellung ist. Sie kann daher durch den ersten Spieler zu einer Gewinnstellung gemacht werden. Dies geschieht, indem er, wie gesagt, 2 Münzen aus der obersten Reihe wegnimmt. Hierdurch wird die oberste binäre Zahl in 1 geändert, so daß die ungerade Zahl in der Summe verschwindet. Durch Versuche kann der Leser feststellen, daß der genannte Zug tatsächlich der einzige ist, der eine Gewinnstellung herbeiführt.

Eine einfache Methode, um jede Stellung zu analysieren, vorausgesetzt, daß in einer Reihe nicht mehr als 31 Münzen liegen, besteht darin, die Finger der linken Hand als binäres Rechengerät zu verwenden. Angenommen, das Spiel beginnt mit Reihen von 7, 13, 24 und 30 Münzen. Du bist der erste Spieler. Ist diese Stellung eine Gewinn- oder Verluststellung? Strecke alle fünf Finger der linken Hand aus, so daß die Handfläche zu dir zeigt. Der Daumen registriert Einheiten in der 16-er-Spalte, der Zeigefinger Einheiten in der 8-er-Spalte, der Mittelfinger die in der 4-er-Spalte und Ringfinger, bzw. kleiner Finger die in der 2-er- bzw. 1-er-Spalte. Um deinem „Rechengerät" 7 einzugeben, knicke den Finger um, welcher die höchste Potenz von 2 darstellt, die noch nicht größer als 7 ist. Es ist 4, so daß du den Mittelfinger umknickst. Fahre fort, Potenzen von 2 zu addieren, wobei du von links nach rechts auf deiner Hand gehst, bis die Summe 7 ist. Dies erreicht man, indem man den Mittel-, Ring- und kleinen Finger umknickt. Die restlichen drei Zahlen — 13, 24 und 30 — werden ganz entsprechend dem Rechengerät eingegeben, nur mit dem Unterschied, daß jeder bereits geknickte Finger, der bei einer Zahl verwendet werden muß, jetzt ausgestreckt statt geknickt wird.

Unabhängig davon, wieviele Reihen in einem Spiel auftreten, ist eine Stellung eine Gewinnstellung, wenn am Ende der gesamten beschriebenen Prozedur alle Finger ausgestreckt sind. Dies bedeutet, daß dein nächster Zug auf jeden Fall eine Verluststellung hervorruft und daß du infolgedessen garantiert verlierst, wenn nur dein Gegner genausoviel von Nim weiß, wie du. Im genannten Beispiel endest du jedoch damit, daß der Zeige- und Mittelfinger gekrümmt sind, so daß deine vorliegende Stellung eine Verluststellung ist, die du durch einen geschickten Zug zu einer Gewinnstellung machen kannst. Da es wesentlich mehr Verlust- als Gewinnstellungen gibt, hat der erste Spieler viel mehr Gewinnwahrscheinlichkeit, wenn eine Anfangsstellung ganz willkürlich und auf gut Glück gewählt wird.

Nun, da du weißt, daß 7, 13, 24, 30 eine Verluststellung ist, wie kannst du einen Zug finden, der diese Stellung in eine Gewinnstellung überführt? Dies ist schwierig mit den Fingern anzustellen. Am besten ist es, die vier vorliegenden binären Zahlen folgendermaßen aufzuschreiben:

	16	8	4	2	1
7			1	1	1
13		1	1	0	1
24	1	1	0	0	0
30	1	1	1	1	0
Summe:	2	3	3	2	2

Man betrachte von allen Spalten, die eine ungerade Zahl ergeben, die am weitesten links gelegene. Jede Zeile, die in dieser Spalte eine 1 aufweist, kann geändert werden, um die Stellung in eine Gewinnstellung zu überführen. Angenommen, man möchte in der zweiten Reihe eine oder mehrere Münzen entfernen. Man mache dann aus der ersten 1 eine 0 und korrigiere dann die rechts davon stehenden Ziffern, so daß keine Spalte eine ungerade Summe ergibt. Die einzige Möglichkeit, dies zu tun, besteht darin, die zweite Reihe in eine 1 zu ändern. Mit anderen Worten, es werden alle Münzen bis auf eine in der zweiten Reihe entfernt. Die beiden anderen möglichen Gewinnzüge würden darin bestehen, aus der dritten Reihe 4 oder aus der letzten Reihe 12 Münzen wegzunehmen.

Es ist ganz vorteilhaft, daran zu denken, daß man stets gewinnen kann, wenn man zwei Reihen mit gleicher Münzzahl zurückläßt. Dann spielt man einfach so weiter, daß die Reihen stets gleichbleiben.

Diese Regel, sowie die vorhergenannte binäre Analyse gilt für die normale Spielversion, in der man gewinnt, wenn man die letzte Münze entfernt. Glücklicherweise ist nur eine geringfügige Änderung notwendig, um eine Strategie für die andere Spielform zu erhalten. Wenn bei dieser anderen Spielversion ein Punkt erreicht wird (was stets der Fall ist), bei dem nur eine Reihe mehr als eine Münze enthält, dann müssen entweder alle Münzen oder alle außer einer aus dieser Reihe entfernt werden, so daß eine ungerade Zahl von Reihen mit einer Münze übrigbleibt. Ist etwa die Stellung 1, 1, 1, 3 gegeben, dann werden alle Münzen der letzten Reihe weggenommen. Bei 1, 1, 1, 1, 8 würde man dagegen aus der letzten Reihe nur 7 Münzen entfernen. Diese Änderung der Strategie tritt natürlich erst beim letzten Zug auf, wenn man leicht übersieht, wie man gewinnen kann.

Da digitale Rechengehirne auf der Grundlage des Binärsystems arbeiten, ist es nicht schwer, eine solche Maschine so zu programmieren, daß sie perfekt Nim spielt, oder eine spezielle Maschine nur für diesen Zweck zu konstruieren. *Edward U. Condon*, früherer Direktor des National Bureau of Standards, jetzt Leiter der physikalischen Fakultät der Washington Universität in St. Louis, war Miterfinder der ersten derartigen Maschine. 1940 als Nimatron patentiert, wurde sie von Westinghouse Electric Corporation gebaut und auf der New Yorker Weltausstellung im Westinghouse-Gebäude ausgestellt. Sie gewann von 100 000 Spielen 90 000. Die meisten Niederlagen verdankte sie Angestellten, die skeptischen Zuschauern demonstrierten, daß die Maschine auch geschlagen werden kann.

1941 wurde eine weitgehend verbesserte Nim-spielende Maschine von *Raymond M. Redheffer*, jetzt Professor für Mathematik an der Universität von Kalifornien in Los Angeles, entworfen. *Redheffers* Maschine hat dieselbe Kapazität wie *Condons* (vier Reihen, deren jede bis zu 7 Münzen enthält), aber während Nimatron eine Tonne wog und kostspielige Relais beanspruchte, wiegt *Redheffers* Maschine nur 5 Pfund und benötigt lediglich vier Drehschalter. Vor geraumer Zeit wurde ein Nim-spielender Roboter, Nimrod genannt, auf dem Festival of Britain 1951 und später auf der Berliner Industrie-Ausstellung ausgestellt. Gemäß *A. M. Turing* (in Kapitel 25 von „Faster Than Thought", 1953 herausgegeben von *B. W. Bowden*) erregte diese Maschine in Berlin so viel Interesse, daß Besucher „völlig die Bar am anderen Ende des Saales übersahen, in der gratis Getränke ausgeschenkt wurden, und es war nötig, besondere Polizisten einzusetzen, um die Menschenmenge unter Kontrolle zu halten. Die Maschine wurde noch populärer, nachdem sie den Wirtschaftsminister Dr. *Erhard* in drei Spielen besiegt hatte."

Unter den vielen Varianten von Nim, welche vollständig analysiert wurden, ist ein Vorschlag aus dem Jahre 1910 des amerikanischen Mathematikers *Eliakim H. Moore* von besonderem Interesse. Die Regeln sind die gleichen wie beim gewöhnlichen Nim, nur daß es den Spielern gestattet ist, von einer beliebigen Zahl von Reihen, die jedoch nicht eine vorgegebene Zahl k überschreitet, Münzen zu entfernen. Erstaunlicherweise gilt hier ebenfalls die obige binäre Analyse, unter der Voraussetzung, daß eine Gewinnstellung als eine Stellung definiert wird, bei der die Summe der binären Zahlen in jeder Spalte durch $k+1$ teilbar ist.

Andere Variationen von Nim scheinen keine so einfache Spielstrategie zu besitzen. Die meiner Ansicht nach interessanteste, wenn auch bisher noch nicht analysierte Version wurde vor ungefähr 13 Jahren von *Piet Hein* aus Kopenhagen erfunden (*Hein* ist der Erfinder des topologischen Spieles Hex, welches auf Seite 33 behandelt wurde).

In *Heins* Version, die in englischsprechenden Ländern als Tac Tix und in Dänemark unter dem Namen Bulo bekannt ist, werden die Münzen gemäß Abb. 53 quadratisch angeordnet. Die Spieler entfernen abwech-

Abb. 53
Piet Heins Spiel Tac Tix

selnd Münzen, die aus einer waagerechten oder auch senkrechten Reihe entnommen werden können. Es müssen allerdings stets benachbarte Münzen ohne Lücken sein. Würde z.B. der erste Spieler die beiden mittleren Münzen der obersten Reihe entfernen, so könnte sein Gegner nicht die restlichen Münzen in dieser Reihe wegnehmen.

Tac Tix muß in der abweichenden Spielform gespielt werden (wer die letzte Münze entfernt, hat verloren), da auf Grund einer einfachen Strategie das normale Spiel trivial werden würde. Auf Quadraten mit einer ungeraden Zahl von Münzen auf jeder Seite gewinnt der erste Spieler, indem er die mittlere Münze entfernt und dann symmetrisch entgegengesetzt zu seinem Gegner spielt. Auf Quadraten mit einer geraden Zahl von Münzen auf jeder Seite gewinnt der zweite Spieler, indem er symmetrisch zum Gegner spielt. Eine ähnliche Strategie für das umgekehrte Spiel ist nicht bekannt, obwohl es nicht schwer ist,

zu zeigen, daß auf einem 3 · 3-Brett der erste Spieler gewinnt, indem er die mittlere Münze oder eine Eckmünze oder alle Münzen der mittleren Reihe oder Spalte entfernt.
Das einfallsreiche Prinzip, welches hinter Tac Tix steht, nämlich das Prinzip der sich überschneidenden Mengen von Münzen, wurde von *Hein* auch in vielen anderen zwei- und dreidimensionalen Gestaltungen angewandt. Beispielsweise kann das Spiel auch auf drei- oder sechseckigen Brettern gespielt werden. Auch die Schnittpunkte geschlossener Kurven können verwendet werden; hierbei werden alle Münzen, die auf derselben Kurve liegen, als in derselben „Reihe" liegend angesehen. Die quadratische Form vereinigt jedoch die einfachste Figur mit der größten Strategiekomplikation.
Es ist bereits schwer, ein 4 · 4-Spiel zu analysieren, und natürlich erhöht sich der Schwierigkeitsgrad des Spieles rapide mit wachsendem Quadrat. Eine oberflächliche Analyse des Spieles schlägt vor, daß die symmetrische Spielweise dem zweiten Spieler im 4 · 4-Spiel einen Gewinn garantiert. Nur eine leichte Änderung des letzten Zuges ist dabei notwendig. Leider gibt es aber viele Situationen, bei denen die symmetrische Strategie nicht zum Ziele führt. Man betrachte z.B. das folgende typische Spiel, bei dem der zweite Spieler die symmetrische Strategie anwendet:

	Erster Spieler	Zweiter Spieler
1.	5—6	11—12
2.	1	16
3.	4	13
4.	3—7 (gewinnt)	

In diesem Beispiel ist der erste Zug des zweiten Spielers sehr schlecht. Nachdem sein Gegner wie angedeutet antwortet, ist der zweite Spieler nicht mehr in der Lage, den Sieg zu erzwingen, selbst wenn er in allen folgenden Zügen von der symmetrischen Spielweise absehen würde.
Das Spiel ist wesentlich komplizierter, als es auf den ersten Blick erscheinen mag. Es ist tatsächlich noch nicht bekannt, ob der erste oder der zweite Spieler den Sieg auf einem 4·4-Brett ohne die 4 Eckmünzen erzwingen kann. Als Einführung in das Spiel möge man versuchen, die beiden in Abb. 54 dargestellten Tac Tix-Probleme (von *Hein*) zu lösen. Auf jedem Brett muß man denjenigen Zug finden, der einen Gewinn garantiert. Vielleicht kann ein interessierter Leser die schwierigere Frage beantworten: Welcher Spieler gewinnt auf dem 4 · 4-Brett, der erste oder der zweite?

Seville Chapman, Direktor der physikalischen Abteilung von Cornell Aeronautical Laboratory, Inc. an der Cornell Universität schickte mir eine Schaltskizze für eine gut ausgeklügelte tragbare Nim-Maschine, die er im Jahre 1957 gebaut hatte. Sie

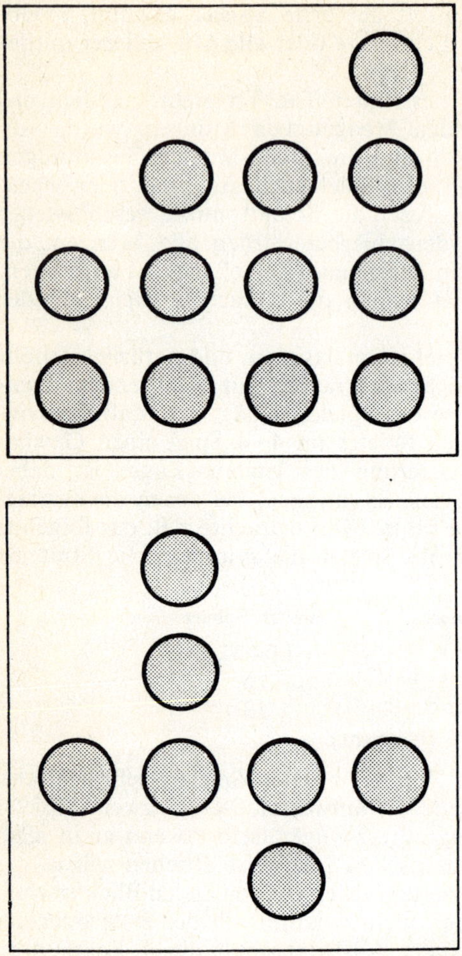

Abb. 54
Zwei Tac Tix-Probleme

wiegt 964 g und enthält 3 Mehrfach-Drehschalter, um 3 Reihen mit je 4 bis 10 Münzen unter Kontrolle zu haben. Hat die Maschine den ersten Zug, dann kann sie stets gewinnen. Es gibt einen recht netten Beweisgang hierfür.

Schreiben wir die drei Reihen in der oben angegebenen binären Matrix-Form auf, so leuchtet es ein, daß jede Reihe eine „1" entweder in der 4-er- oder 8-er-Spalte — jedoch nicht in beiden Spalten gleichzeitig — haben muß. (Beide Spalten können nicht leer sein, da dann die Zahl der Münzen in dieser Reihe kleiner als 4 wäre, und sie können auch nicht beide eine „1" enthalten, da dann die Reihe mehr als 10, nämlich mindestens 12, Münzen enthalten würde). Es gibt nun nur zwei Möglichkeiten, diese drei „Einsen" (eine in jeder Reihe) in den zwei Spalten unterzubringen: Alle drei in einer Spalte oder zwei in einer und eine Münze in der zweiten Spalte. In beiden Fällen muß die Summe einer Spalte eine ungerade Zahl ergeben, so daß die Anfangsposition in jedem Falle eine Verluststellung ist, d.h. für die anfangende Maschine den Gewinn sichert.

Die folgenden Leser sandten genaue Analysen des 4 · 4-Tac Tix-Spieles: Theodore Katsanis, Ralph Hinrichs, William Hall und C. D. Coltharp, Paul Darby, D. R. Horner, Alan McCoy, P.L. Rotherberg und A. A. Marks, Robert Caswell, Ralph Queen, Herman Gerber, Joe Greene und Richard Dudley. Eine einfache Strategie wurde nicht entdeckt, aber es besteht kein Zweifel mehr, daß der zweite Spieler stets auf diesem Brett, als auch auf dem 4 · 4-Brett ohne Ecken gewinnen kann. Es wird vermutet, daß auf jedem Quadrat oder Rechteck mit wenigstens einer ungeraden Seite der erste Spieler gewinnen kann, indem er beim ersten Zuge die gesamte Mittelreihe entfernt. Ferner nimmt man an, daß auf Feldern mit geraden Seiten stets der zweite Spieler den Sieg davontragen kann. Diese Vermutungen konnten allerdings noch nicht bewiesen werden.

So, wie die Dinge jetzt liegen, scheint das ideale Brett für Tac Tix-Experten, die das 4 · 4-Brett gemeistert haben, das 6 · 6-Brett zu sein. Es ist klein genug, um das Spiel nicht unnötig in die Länge zu ziehen, es ist aber auch kompliziert genug, um ein aufregendes Spiel mit unvorherzusehenden Wendungen zu garantieren.

Lösungen

Das erste Tac Tix-Problem kann auf verschiedene Weisen gewonnen werden: z.B. 9—10—11 oder 4—8—12—16.

Das zweite Problem wird gewonnen, indem man 9 oder 10 entfernt.

Henry Ernest Dudeney: Englands größter Rätselerfinder

Henry Ernest Dudeney war Englands bedeutendster Erfinder von Rätseln; ja, er mag sogar der größte Rätselerfinder gewesen sein, der jemals lebte. Es gibt heute kaum ein Rätselbuch, welches nicht Dutzende von brillianten Problemen enthält, die, jedoch meistens ohne einen Hinweis auf *Dudeney*, ihren Ursprung in seiner fruchtbaren Phantasie hatten.

1857 wurde er in dem englischen Dorf Mayfield geboren. Er war mithin 16 Jahre jünger als *Sam Loyd*, Amerikas Rätselgenie. Ich weiß nicht, ob sich die beiden Männer jemals zu Gesicht bekamen, aber in den neunziger Jahren arbeiteten sie zusammen an einer Serie von Rätselartikeln für die englische Zeitschrift ,,Tit-Bits" und später tauschten sie Probleme für ihre Magazine und Zeitungsspalten aus. Dies erklärt die große Zahl von Duplikationen in den von *Loyd* und *Dudeney* veröffentlichten Schriften.

Von beiden war *Dudeney* wahrscheinlich der bessere Mathematiker. *Loyd* verstand es ausgezeichnet, die Öffentlichkeit durch selbst hergestellte Spiele und Reklameneuheiten für sich zu gewinnen. Keine von *Dudeneys* Erfindungen besaß jemals die weltweite Popularität von *Loyds* Fünfzehner-Spiel oder seinem "Verschwinde von der Erde„ — Paradoxon welches einen chinesischen Krieger spurlos verschwinden läßt. Dagegen war *Dudeneys* Werk mathematisch höher entwickelt (er bezeichnete einmal ein Bilderrätsel, von denen *Loyd* tausende produzierte, als eine ,,jugendliche Geistlosigkeit, die nur das Interesse von Schwachsinnigen hervorrufen könne"). Wie *Loyd*, so liebte auch *Dudeney* es, seine Probleme in amüsante Anekdoten zu kleiden. *Dudeneys* sechs Rätselbücher (drei sind Werke, die nach seinem Tode im Jahre 1931 zusammengestellt wurden) bleiben unübertroffen auf dem Gebiet der Rätselliteratur.

Dudeneys erstes Buch ,,The Canterbury Puzzles" [40] wurde 1907 veröffentlicht. Es erweckt den Anschein, eine Aufzählung von altmodischen Problemen zu sein, welche von derselben Gruppe von Pilgern vorgelegt werden, deren Geschichten im einzelnen von *Chaucer* erzählt werden. „Ich will nicht vorenthalten, auf welch einmalige Weise sie (die Probleme) in meinen Besitz kamen", so schreibt *Dudeney*, ,,aber ich werde sofort beginnen, ... um meinen Lesern die Gelegenheit zu geben, sie zu lösen". Das Kurzwarenhändler-Problem, welches in diesem Buche zu finden ist, stellt *Dudeneys* beste bisher bekannte geometrische Erfindung dar. Das Problem verlangt, ein gleichseitiges Dreieck in vier

Stücke zu schneiden, so daß diese neu angeordnet ein Quadrat ergeben. Die Abb. 55 (oben links) zeigt, wie die Schnitte auszuführen sind. Man halbiere $\overline{AB}$ in D und $\overline{BC}$ in E. Man verlängere $\overline{AE}$ nach F, so daß $\overline{EF} = \overline{EB}$ ist. $\overline{AF}$ wird in G halbiert und dann wird ein Kreis um G

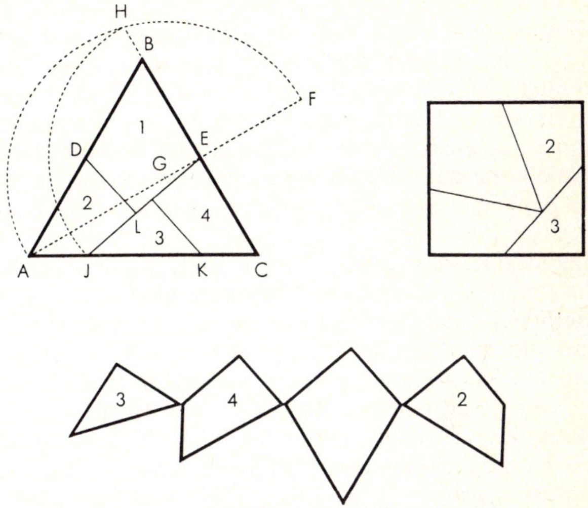

Abb. 55
Dudeneys Zerschneidung eines gleichseitigen Dreiecks in vier Teile, die ein Quadrat ergeben

mit $\overline{AG}$ als Radius geschlagen. $\overline{EB}$ wird bis H verlängert. Um E als Mittelpunkt wird dann ein Kreis mit $\overline{EH}$ als Radius geschlagen, der $\overline{AC}$ in J schneidet. K wird so gewählt, daß $\overline{JK} = \overline{BE}$ ist. Von D und K fälle man die Lote auf $\overline{EJ}$, was zu den Punkten L und M führt. Die vier Flächenstücke können nun so angeordnet werden, daß ein genaues Quadrat entsteht, welches im rechten oberen Teil der Abb. 55 zu sehen ist. Eine bemerkenswerte Eigenschaft dieser Zerteilung besteht darin, daß beim Aneinanderlegen der drei Ecken, entsprechend der unteren Abb. 55, die Flächen eine Kette bilden, die im Uhrzeigersinn geschlossen das gegebene Dreieck und im entgegengesetzten Sinn geschlossen das Quadrat ergibt. *Dudeney* fertigte sich diese ,,Kette'' aus Mahagoni-Holz mit Messingscharnieren an und benutzte sie, um das Problem vor der Royal Society in London im Jahre 1905 zu demonstrieren.

Gemäß einem Satz, der zuerst von dem großen deutschen Mathematiker *David Hilbert* bewiesen wurde, kann jedes Vieleck in jedes andere Vieleck von gleicher Fläche übergeführt werden, indem man es in eine endliche Zahl von Flächenstücken zerlegt. Der Beweis ist lang aber nicht schwierig. Er beruht auf den folgenden beiden Tatsachen:

1. Jedes Vieleck kann durch Schnitte entlang den Diagonalen in eine endliche Zahl von Dreiecken aufgeteilt werden;
2. kann jedes Dreieck in eine endliche Zahl von Flächenstücken zerschnitten werden, welche neu angeordnet ein Rechteck mit beliebiger Grundseite ergeben.

Dies bedeutet also, daß wir jedes noch so unregelmäßige Vieleck in ein flächengleiches Rechteck von vorgegebener Grundseite überführen können, indem wir es einfach erst in Dreiecke zerlegen, dann diese Dreiecke zu Rechtecken mit der vorgegebenen Grundseite umformen und schließlich alle Rechtecke übereinanderlegen. Die so entstehende Säule kann dann durch die umgekehrte Prozedur dazu benutzt werden, ein beliebiges anderes Vieleck von gleicher Fläche wie das ursprüngliche herzustellen.

Eigenartigerweise gibt es keinen analogen Satz für Vielflächner: Körper, die von ebenen Vielecken begrenzt sind. Es existiert keine allgemeine Methode, einen Vielflächner durch ebene Schnitte so aufzuschneiden, daß die entstehenden Schnittkörper neu angeordnet einen beliebigen anderen Vielflächner gleichen Volumens ergeben, obwohl dies natürlich für einige Spezialfälle möglich ist. Die Hoffnung, eine solche allgemeine Methode zu finden, wurde im Jahre 1900 zerstört, als ein Beweis für die Unmöglichkeit der Aufteilung eines Prismas in ein Tetraeder gefunden wurde.

Obwohl *Hilberts* Methode die Transformation eines Vielecks in ein beliebiges anderes Vieleck mit Hilfe von endlich vielen Schnitten gewährleistet, kann die Zahl der erforderlichen Flächenstücke äußerst groß sein. Eine Aufteilung ist natürlich nur dann als elegant zu bezeichnen, wenn sie mit der kleinstmöglichen Anzahl von Flächenstücken auskommt. Dies ist jedoch oft schwer zu entscheiden.

Dudeney war sehr erfolgreich in dieser eigenartigen geometrischen Kunst; oft schlug er lang gehaltene Rekorde. Beispielsweise waren zur Überführung eines regelmäßigen Sechsecks in ein Quadrat nur fünf Flächenstücke nötig, während ein regelmäßiges Fünfeck, wie man viele Jahre hindurch glaubte, sieben Stücke dazu erforderte. *Dudeney* gelang es, diese Zahl auf sechs, den heute noch bestehenden Rekord, zu reduzieren. Abb. 56 zeigt, wie ein Fünfeck durch *Dudeneys* Methode zerlegt werden kann. Eine Erklärung dafür, wie *Dudeney* zu seiner Methode kam, findet der interessierte Leser in seiner Schrift: „Amusements in Mathematics" [41].

Dudeneys bekanntestes Rätsel von der Spinne und der Fliege ist ein elementares aber schönes geodätisches Problem. Es erschien zuerst in einer englischen Zeitung im Jahre 1903, erweckte aber kein öffentliches Interesse, bis es zwei Jahre später in der Londoner Zeitung ,,Daily Mail" abgedruckt wurde. Ein rechteckiges Zimmer habe die in Abb. 57 angegebenen Dimensionen. Eine Spinne befindet sich in der Mitte der Seitenwand, ein Fuß unterhalb der Decke. In der Mitte der gegenü-

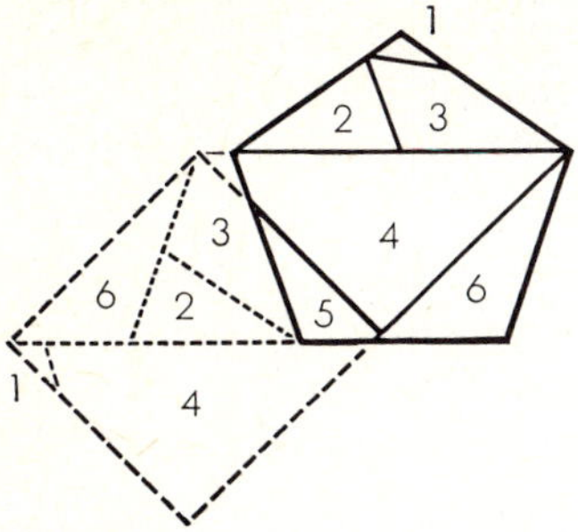

Abb. 56
Verwandlung eines Fünfecks in ein Quadrat

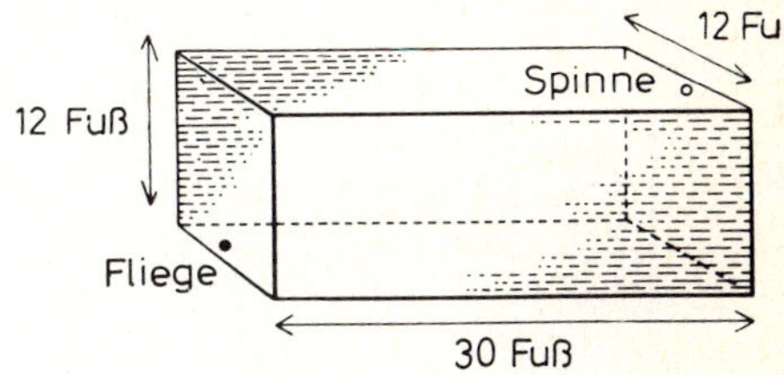

Abb. 57
Das Problem ,,Spinne und Fliege"

berliegenden Wand, ein Fuß über dem Fußboden, sitzt eine Fliege. Sie ist vor Angst so gelähmt, daß sie sich nicht bewegt. Welches ist die kürzeste Entfernung, die die Spinne zurücklegen muß, um die Fliege zu erreichen? Das Problem wird am besten so gelöst, daß man das Zimmer in Gedanken aufschneidet, so daß Wände und Decke flach auseinandergefaltet werden können und derart, daß eine gerade Linie von der Spinne zur Fliege gezogen wird. Da es jedoch verschiedene Möglichkeiten gibt, das Zimmer flach auszubreiten, ist das Problem doch nicht so einfach, wie es zuerst erscheinen mag.

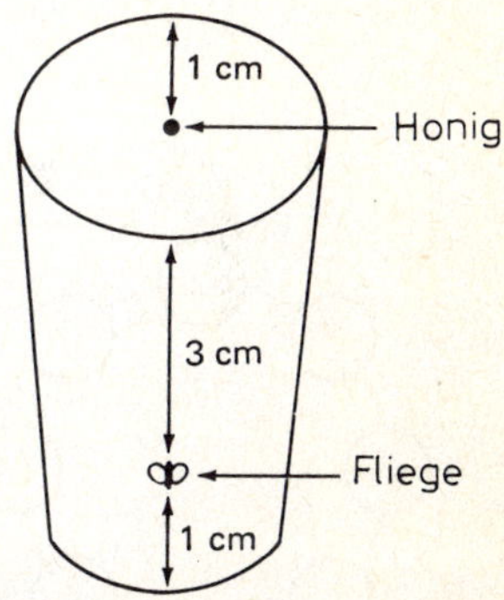

Abb. 58
Die Fliege und der Honig

Ein weniger bekanntes, aber ähnliches geodätisches Problem, welches in *Dudeneys* ,,Modern Puzzles" [43] zu finden ist, beschäftigt sich mit dem in Abb. 58 dargestellten Glaszylinder. Er ist 4 Zentimeter hoch und hat einen Umfang von 6 Zentimeter. Auf der Innenseite, ein Zentimeter unter dem Rand ist ein Tropfen Honig. Auf der Außenseite, ein Zentimeter über dem Boden und genau dem Tropfen gegenüber sitzt eine Fliege. Welches ist der kürzeste Weg, den die Fliege zu krabbeln hat, um den Honigtropfen zu erreichen, und wie weit krabbelt sie? Es ist vielleicht interessant zu erwähnen, daß *Dudeney* oft, obwohl er wenig mit Topologie vertraut war, es sei denn mit ihren Anfangsgründen, einfallsreiche topologische Tricks anwandte, um verschiedene

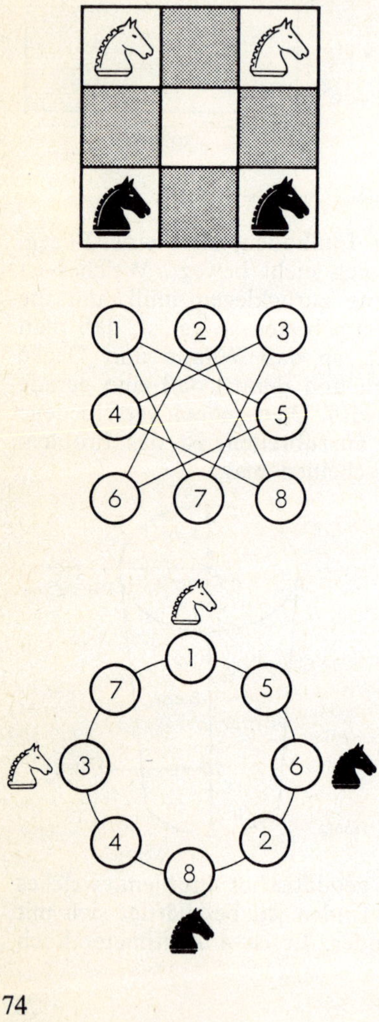

Abb. 59
Dudeneys „Knopf und Schnur"-Methode

Probleme zu lösen. Er bezeichnete seine Methode als „Knopf- und Schnur-Methode". Ein typisches Beispiel ist die Anwendung dieser Methode auf ein klassisches Schachproblem, welches in Abb. 59 gezeigt ist. Wie können die weißen Springer ihre Plätze mit den schwarzen Springern in der kleinstmöglichen Anzahl von Zügen vertauschen? Die acht Außenfelder ersetzen wir durch numerierte Knöpfe (mittlere Abb. 59) und ziehen Linien, um alle nur möglichen Züge der vier Springer anzudeuten. Betrachten wir diese Linien als Schnüre, welche die Knöpfe verbinden, so leuchtet es ein, daß wir das Band zu einem Kreis öffnen können (untere Abb. 59), ohne die topologische Struktur der Elemente und ihrer Verbindungen zu zerstören. Wir sehen sofort, daß wir nur die Springer in beliebiger Richtung um den Kreis zu führen haben, bis sie vertauscht sind, wobei wir die einzelnen Züge notieren, um sie auf dem richtigen Schachbrett nachziehen zu können. Auf diese Weise wird ein Problem, welches zuerst sehr schwierig erschien, kinderleicht.

Von *Dudeneys* vielen zahlentheoretischen Problemen ist das vielleicht am schwersten zu lösende Problem die Frage, die von dem Physikdoktor in den „Canterbury Puzzles" gestellt wird. Der gute Doktor stellte zwei kugelförmige Glasgefäße her, von denen das eine Gefäß einen Umfang von 1 Fuß, das andere einen von 2 Fuß hatte.

„Ich möchte", so spricht der Doktor, „die genauen Maße zweier anderer Gefäße haben, die zwar von gleicher Gestalt, aber unterschiedlicher Größe sind, so daß beide zusammen genausoviel Flüssigkeit enthalten, wie die beiden von mir bereits hergestellten".

Da sich die Volumina ähnlicher Körper so verhalten, wie die Kuben der entsprechenden Längen, so läßt sich das genannte Problem auf das diophantische Problem zurückführen, zwei von 1 und 2 verschiedene rationale Zahlen zu finden, deren Kuben zusammen neun ergeben. Beide Zahlen sind natürlich Brüche. *Dudeneys* Lösung war:

$$\frac{415280564497}{348671682660} \quad \text{und} \quad \frac{676702467503}{348671682660}$$

Diese Brüche haben Nenner, die kleiner sind als alle vorher veröffentlichten. Angesichts der Tatsache, daß *Dudeney* ohne ein Elektronengehirn arbeitete, ist sein Werk bewundernswert. Leser, die an derartigen Rätseln Freude haben, können einmal versuchen, zwei Brüche zu finden, deren Kuben addiert sechs ergeben. Ein „Beweis", der im 19. Jahrhundert von dem französischen Mathematiker *Adrien Marie Legendre* veröffentlicht wurde, daß es keine zwei solche Brüche geben könne, wurde von *Dudeney* widerlegt, als dieser eine Lösung fand, in der jeder Bruch nur zwei Ziffern über und unter dem Bruchstrich besitzt.

Dudeneys Zerschneidung eines gleichseitigen Dreiecks, um ein Quadrat zu erhalten, rief eine Menge interessanter Leserbriefe hervor. *John S. Gaskin* aus London und *Arthur B. Niemoller* aus Morristown, New Jersey, entdeckten unabhängig voneinander, daß *Dudeneys* Methode mit einer kleinen Modifikation auf eine größere Klasse von Dreiecken, die nicht gleichseitig sind, anwendbar ist. *L. Vosburgh Lyons* aus New York benutzte *Dudeneys* Methode, um die Ebene in ein endloses Mosaik ineinandergreifender Quadrate und gleichseitiger Dreiecke zu zerlegen.

Verschiedene Leser, die der Meinung waren, daß die Punkte J und K (Abb. 55) direkt unterhalb der Punkte D und E liegen, sandten Beweise dafür, daß die vier Flächenstücke kein genaues Quadrat bilden. Nun liegen aber in *Dudeneys* Konstruktion J und K nicht genau unter D und E. Ein exakter Beweis der Genauigkeit der genannten Zerschneidung befindet sich in einem Artikel von *Chester W. Hawley* [52].

Eine erwähnenswerte Abänderung von *Dudeneys* „Spinne und Fliege"-Problem ist in *Maurice Kraitchiks* Buch [5] auf Seite 17 zu lesen. Acht Spinnen starten an einem Punkt, der 80 Zoll über der Mitte der einen Seitenwand eines quaderförmigen Zimmers gelegen ist. Sie benutzen acht verschiedene Wege, um eine Fliege zu erreichen, die sich 80 Zoll unterhalb der Mitte der gegenüberliegenden Wand befindet. Jede Spinne hat eine Geschwindigkeit von 0,65 Meilen in der Stunde (1 Meile = 63 359,45 Zoll) und nach $^{625}/_{11}$ Sekunden kommen alle Spinnen gleichzeitig bei der Fliege an. Welche Ausdehnungen hat das Zimmer?

Lösungen

Die kürzeste Entfernung, die die Spinne bis zur Fliege zurücklegt, beträgt genau 40 Fuss, wie man aus der Abb. 60 des auseinandergebreiteten Zimmers entnimmt.

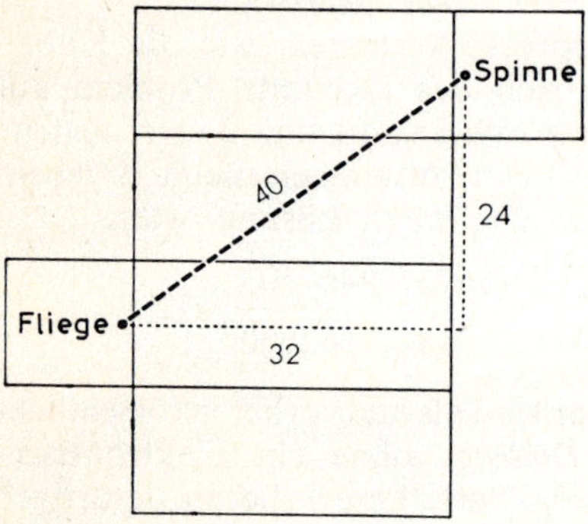

Abb. 60
Spinne und Fliege

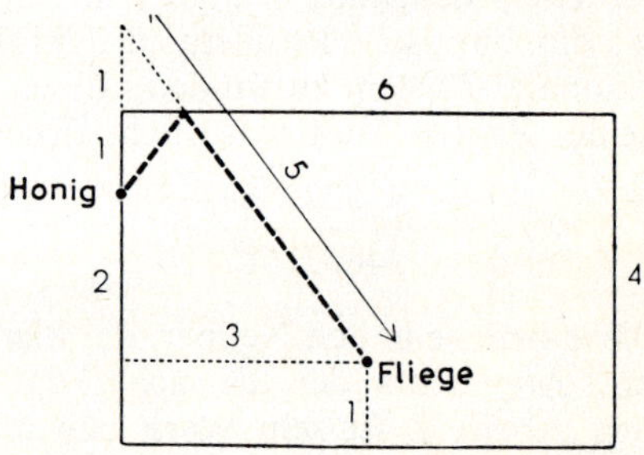

Abb. 61
Fliege und Honig

Der Leser wird erstaunt sein, daß dieser geodätische Weg die Spinne über fünf der sechs Seitenflächen des Raumes führt.

Die Fliege gelangt auf dem 5 Zentimeter langen Weg, der in Abb. 61 auf dem auseinandergerollten Zylinder zu sehen ist, zum Honig. Dies ist gerade der Weg, den ein gedachter Lichtstrahl zurücklegen würde, wenn er sich quer durch das Rechteck von der Fliege zum Honig bewegte und dabei an der Oberseite des Rechtecks reflektiert würde. Der Weg hat dieselbe Länge wie die Hypotenuse eines rechtwinkligen Dreiecks mit den Katheten 3 und 4.

Die beiden Brüche, deren Kuben zusammen sechs ergeben, sind $^{17}/_{21}$ und $^{37}/_{21}$.

Die Antwort zu dem vorstehend gegebenen Fliegen- und Spinnen-Problem findet man in dem angegebenen Buche [5].

Neunerreste

Schreibe deine Telefonnummer auf. Vertausche die Reihenfolge der Ziffern ganz beliebig, so daß eine andere Nummer entsteht. Subtrahiere die kleinere von der größeren Nummer. Bilde die Quersumme der entstandenen Differenz. Deute nun mit deinem Finger auf den Stern im Kreis der geheimnisvollen Figuren der Zeichnung (Abb. 62) und

Abb. 62
Symbole für den Trick mit der Telephonnummer

zähle die Figuren im Uhrzeigersinn ab, wobei der Stern 1, das Dreieck 2 usw. genannt wird, bis du die Nummer erreichst, die du als Ergebnis der vorherigen Rechnung erhalten hattest. Mit Sicherheit endet deine Numerierung bei der Spirale.

Dieser kleine Trick ist nicht schwer zu verstehen und er setzt eine einfache Einführung in den Begriff der numerischen Kongruenz des großen deutschen Mathematikers *Carl Friedrich Gauss* voraus. Lassen zwei Zahlen bei der Division durch eine gegebene Zahl K denselben Rest, so heißen sie kongruent modulo K. Die Zahl K heißt der Modulus. So lassen zum Beispiel 16 und 23 bei Division durch 7 beide den Rest 2 und sind daher kongruent modulo 7 [$16 \equiv 23 \pmod 7$].

Da 9 die größte Ziffer im Dezimalsystem ist, wird die Quersumme einer beliebigen Zahl stets modulo 9 kongruent dieser Zahl sein. Die Ziffern der Quersumme können nun wieder addiert werden, um eine dritte Zahl zu erhalten, die kongruent zu den beiden vorhergehenden ist (modulo 9), und wenn wir diesen Prozess der Quersummenbildung fortsetzen, bis nur noch eine Ziffer übrigbleibt, dann wird diese Ziffer gerade der Rest selber sein.

Beispielsweise läßt 4 157 bei Division durch 9 den Rest 8. Ihre Quersumme ist 17, welche ebenfalls bei Teilung durch 9 den Rest 8 läßt. Die Quersumme von 17 ist 8, also gerade der Rest. Diese letzte Ziffer heißt der Neunerrest der ursprünglichen Zahl. Er ist identisch mit dem Rest, den die ursprüngliche Zahl bei Division durch 9 gibt, mit Ausnahme der Zahlen mit einem Rest 0. In diesem Falle ist der Neunerrest 9 anstatt 0.

Das Errechnen des Neunerrestes ist einfach der altertümliche Prozess des „Hinauswerfens von Neunen". Vor der Entwicklung von Rechenmaschinen wurde dieser Prozeß vielfach von Buchhaltern zur Überprüfung ihrer Resultate verwendet. Einige moderne Elektronengehirne, zum Beispiel die IBM NORC, bedienen sich dieser Technik als eingebauter Selbstüberwachungsmethode zur Prüfung ihrer Genauigkeit. Die Methode beruht auf der Tatsache, daß die beim Addieren, Subtrahieren, Multiplizieren oder Dividieren (ohne Rest) von ganzen Zahlen erhaltenen Resultate kongruent modulo 9 den Resultaten sind, die man bei Ausführung derselben Rechenoperationen mit den Neunerresten der ursprünglichen Zahlen erhält.

Um zum Beispiel eine Summe von hohen Zahlen rasch zu überprüfen, bilde man die Neunerreste der Summanden, addiere sie, bilde den Neunerrest der Summe und vergleiche ihn mit dem Neunerrerst der zu überprüfenden Summe. Stimmen die beiden Reste nicht überein, so muß irgendwo ein Fehler sein. Stimmen sie jedoch überein, so kann zwar immer noch irgendwo ein Fehler stecken, aber die Wahrscheinlichkeit dafür, daß die Rechnung richtig war, ist ziemlich hoch.

Wir wollen sehen, was dies alles mit dem Telephonnummer-Trick zu tun hat. Das Vertauschen der Ziffern einer Zahl ändert nichts an ihrem Neunerrest, so daß also zwei Zahlen mit gleichem Neunerrest voneinander subtrahiert werden. Das Resultat ist sicherlich eine Zahl, die durch 9 teilbar ist. Um zu sehen, warum dies der Fall ist, denke man sich die größere der beiden Zahlen als bestehend aus einem bestimmten Vielfachen von 9, vermehrt um einen Neunerrest (nämlich den Rest, den sie bei Division durch 9 läßt). Die kleinere Zahl ist ebenfalls Summe eines kleineren Vielfachen von 9 und *desselben* Neunerrestes. Wird nun die kleinere Zahl von der größeren subtrahiert, so heben sich gerade die Neunerreste weg und übrig bleibt ein bestimmtes Vielfaches von 9.

(Ein Vielfaches von 9)+einen Neunerrest
−[(Ein Vielfaches von 9)+denselben Neunerrest]

(Ein Vielfaches von 9)+0

Da das Resultat ein Vielfaches von 9 ist, hat es den Neunerrest 9. Die Quersumme wird eine kleinere Zahl sein, die ebenfalls 9 als Neunerrest besitzt, so daß das endgültige Ergebnis mit Sicherheit ein Vielfaches von 9 ist. Im mystischen Kreis sind 9 Symbole aufgeführt. Beim Abzählen wird man daher stets beim neunten Symbol ankommen, gerechnet vom ersten, auf welches man zeigt.

Eine Kenntnis von Neunerresten erlaubt einem oft erstaunliche Abkürzungen beim Lösen von ungewöhnlich schwierig aussehenden Problemen. Nehmen wir etwa an, du sollst die kleinste nur aus Nullen und Einsen bestehende Zahl finden, welche bei Division durch 225 keinen Rest läßt. 225 hat einen Neunerrest von 9, so daß du sofort weißt, daß die gesuchte Zahl ebenfalls einen Neunerrest von 9 besitzt. Die kleinste nur aus Einsen bestehende Zahl mit dem Neunerrest 9 ist offenbar 111.111.111.

Werden an einigen Stellen Nullen eingefügt, so vergrößert sich zwar die Zahl, aber der Neunerrest bleibt derselbe. Unser Problem besteht also darin, 111.111.111 möglichst geringfügig durch Einfügen von Nullen zu vergrößern, so daß die entstehende Zahl durch 225 teilbar ist. Da 225 ein Vielfaches von 25 ist, muß unsere gesuchte Zahl auch ein Vielfaches von 25 sein.

Alle Vielfachen von 25 enden mit 00, 25, 50 oder 75. Die letzten drei Möglichkeiten fallen weg, so daß wir 00 an die Zahl 111.111.111 heranhängen und als Lösung die Zahl 11.111.111.100 erhalten.

Mathematische Spiele führen ebenfalls oft auf die Untersuchung von Neunerresten, wie z. B. das folgende Spiel, das mit einem einzigen Würfel gespielt wird. Man einigt sich auf eine beliebige Zahl, die gewöhnlich größer als 20 ist, um das Spiel interessant zu gestalten. Der erste Spieler wirft den Würfel und notiert die obenliegende Zahl. Der zweite Spieler gibt dem Würfel eine Vierteldrehung in beliebiger Richtung, und die nun obenliegende Zahl wird zur vorigen addiert. Die Spieler wechseln sich damit ab, dem Würfel jeweils eine Vierteldrehung in beliebiger Richtung zu erteilen, wobei die erhaltenen Zahlen zu den vorhergehenden addiert werden, bis einer der Spieler gewinnt, indem er die vorher vereinbarte Zahl erreicht oder seinen Gegner zwingt, diese Zahl zu übersteigen. Das Spiel ist schwierig zu analysieren, da die vier Seitenzahlen, die man bei jeder Drehung erreichen kann, mit der Stellung des Würfels variieren. Welche Strategie könnte man anwenden, um das bestmögliche Spiel zu spielen?

Die Schlüsselzahlen in der Strategie sind diejenigen Zahlen, die denselben Neunerrest wie die vereinbarte Zahl besitzen. Gelingt es einem, eine der Schlüsselzahlen zu erreichen oder den Gegner ständig am Erreichen einer Schlüsselzahl zu hindern, so ist sein Sieg sicher. Zum Beispiel wird das Spiel oft mit der Zahl 31 gespielt, welche den Neuner-

rest 4 hat. Die einzige Möglichkeit, für den ersten Spieler, den Sieg zu erzwingen, besteht darin, daß er eine vier würfelt. Danach spielt er entweder so weiter, daß er immer wieder in die Reihe der Zahlen 4—13—22—31 zurückkommt oder so, daß sein Gegner keine dieser Zahlen erreichen kann. Da es gar nicht so einfach ist, den Gegner am Erreichen bestimmter Zahlen zu hindern, möchte ich mich mit dem folgenden Ratschlag begnügen: Entweder man spielt solange, bis man eine um fünf kleinere Zahl als eine Schlüsselzahl erreicht, wobei dann die fünf des Würfels obenauf oder verdeckt liegen muß, oder man spielt bis zu einer Zahl, die um drei oder vier kleiner oder um eine Zahl größer als eine Schlüsselzahl ist, wobei die vier des Würfels dann obenauf oder verdeckt liegen muß.
Es gibt stets einen, manchmal auch zwei oder drei Züge, die dem ersten Spieler den Sieg sichern, außer wenn der Neunerrest der vereinbarten Zahl 9 beträgt. In diesen Fällen kann der zweite Spieler den Gewinn erzwingen. Wird die Endzahl auf gut Glück gewählt, so hat der zweite Spieler die weitaus größere Chance, zu gewinnen. Wenn der erste Spieler die Endzahl wählen darf, wie groß müßte der Neunerrest sein, damit er die größeren Gewinnchancen hat?
Eine große Zahl von „selbst-arbeitenden" Kartentricks beruht auf den Eigenschaften der Neunerreste. Meiner Meinung nach ist der beste dieser Tricks der unter dem Titel „Erinnerung an die Zukunft" veröffentlichte Trick. Sein Erfinder ist *Stewart James* aus Courtright, Ontario, ein Magiker, der wahrscheinlich mehr mathematische Kartenkunststücke entwickelte, als je ein anderer zuvor. Der Trick wird hier mit *James*' Einverständnis erklärt.
Aus einem gut gemischten Haufen Karten entferne man neun Karten mit Werten vom As bis zur 9, die man in natürlicher Reihenfolge anordnet, wobei das As obenauf liegt. Man zeige den Zuschauern, was man gemacht hat und erkläre ihnen, daß man nun diesen Stoß von neun Karten irgendwo abheben wird, so daß keiner mehr weiß, wo die einzelnen Karten liegen. Man halte den Stoß verdeckt in der Hand und hebe scheinbar ganz wahllos ab, in Wirklichkeit jedoch bringe man die untersten drei Karten nach oben. Von oben nach unten liegen die Karten nun in der Reihenfolge: 7—8—9—1—2—3—4—5—6. Langsam entferne man einzeln die Karten dieses Haufens von oben und lege sie auf den anderen Kartenstoß. Hierbei frage man einen Zuschauer bei jeder einzelnen Umlegung, ob er die jeweilige Karte wünscht. Natürlich muß er eine der neun Karten wählen. Sagt er bei einer Karte „ja", so lasse man diese Karte auf dem kleinen Kartenstoß liegen und lege diesen Haufen beiseite.
Den anderen Packen teile einer der Zuschauer in zwei beliebige Haufen. Man zähle die Karten des einen Haufens und bilde den Neunerrest.

Das gleiche wiederhole man mit dem zweiten Haufen. Beide Reste werden addiert und wenn nötig wird die Quersumme gebildet, um den Neunerrest der Summe zu erhalten. Die von dem einen Zuschauer ausgewählte Karte, die auf dem beiseite gelegten Haufen liegt, wird nun umgedreht. Sie gibt genau den Wert des erhaltenen Neunerrestes an.

Weshalb gelingt der Trick immer? Nach Umordnung der neun Karten wird die 7 zu oberst liegen. Der andere Kartenstoß wird aus 43 Karten bestehen, einer Zahl also, deren Neunerrest 7 ist. Wählt der Zuschauer nicht 7, so kommt diese Karte auf den Stoß, der dann 44 Karten enthält. Die oberste Karte des anderen Haufens ist 8, der Neunerrest von 44. Mit anderen Worten gleicht die vom Zuschauer ausgewählte Karte stets notwendigerweise dem Neunerrest der Zahl der Karten im großen Haufen. Beim Teilen des Haufens und beim Addieren der jeweiligen Neunerreste ergibt sich natürlich derselbe Neunerrest, den der gesamte Stoß Karten besaß.

Zu Beginn dieses Kapitels wurde behauptet, daß aufgrund unseres Zahlensystems mit der Basis 10 der Neunerrest einer jeden Zahl identisch mit dem Rest ist, den diese Zahl bei Division durch neun läßt. Dies ist sehr einfach zu beweisen und vielleicht ist die Beweisführung an einem Zahlenbeispiel für einige Leser von Interesse. Betrachten wir etwa die vierstellige Zahl 4135. Als Summe von Potenzen von 10 läßt sie sich folgendermaßen schreiben: $(4 \cdot 1000)+(1 \cdot 100)+(3 \cdot 10)+(5 \cdot 1)$. Wird von jeder Zehnerpotenz 1 subtrahiert, so schreibt sich dieselbe Zahl in der Form: $(4 \cdot 999)+(1 \cdot 99)+(3 \cdot 9)+(5 \cdot 0)+4+1+3+5$. Die Klammerausdrücke sind alles Vielfache von 9. Werden sie nicht weiter berücksichtigt, so verbleibt die Summe $4+1+3+5$, deren Summanden grade die Ziffern unserer gegebenen Zahl sind. Allgemein läßt sich eine Zahl mit den Ziffern *abcd* darstellen als:

$$(a \cdot 999)+(b \cdot 99)+(c \cdot 9)+(d \cdot 0)+a+b+c+d.$$

$a+b+c+d$ muß daher der Rest sein, wenn bestimmte Vielfache von 9 nicht berücksichtigt werden. Dieser Rest kann natürlich eine mehrstellige Zahl sein. Ist dies der Fall, so zeigt die gleiche Prozedur, daß die Summe der einzelnen Ziffern des Restes einen bestimmten Rest läßt, wenn die Vielfachen von 9 nicht berücksichtigt werden. Dies läßt sich solange fortsetzen, bis nur noch eine Ziffer, der gesuchte Neunerrest, übrigbleibt. Natürlich kann diese Methode auf beliebig hohe Zahlen angewendet werden. Der Neunerrest ist also diejenige Ziffer, die übrigbleibt, wenn die Maximalzahl von Neunen entfernt worden ist, das heißt wenn die Zahl durch 9 dividiert worden ist.

Neunerreste sind oft sehr vorteilhaft bei der negativen Probe, ob eine gegebene sehr große Zahl eine Quadrat- oder Kubikzahl ist. Alle Quadratzahlen haben Neunerreste von 1, 4, 7 oder 9 und die letzte Ziffer einer Quadratzahl kann nicht 2, 3, 7 oder 8 sein. Eine Kubikzahl kann mit jeder Ziffer enden, aber ihr Neunerrest kann nur 1, 8 oder 9 betragen. Eigenartigerweise muß eine gerade vollkommene Zahl

(d. i. eine Zahl, die genau halb so groß ist, wie die Summe aller ihrer Teiler) (bisher kennt man keine ungeraden vollkommenen Zahlen) mit 6 oder 8 enden und, mit Ausnahme von 6, der kleinsten vollkommenen Zahl, einen Neunerrest von 1 ergeben.

Lösungen

Darf bei dem Würfelspiel der erste Spieler die Schlüsselzahl wählen, so entscheidet er sich am besten für eine Zahl mit dem Neunerrest 7. Die Tabelle in Abb. 63 zeigt

Neunerrest der vereinbarten Zahl	Erste Würfe des Würfels, die zum Gewinn führen
1	1, 5
2	2, 3
3	3, 4
4	4
5	5
6	3, 6
7	2, 3, 4
8	4
9	Keiner

Abb. 63

die ersten Würfe, die bei jedem der neun möglichen Neunerreste dem ersten Spieler den Sieg sichern. Beim Neunerrest 7 gibt es drei solcher Anfangswürfe, mehr als bei allen anderen Resten. Beim Neunerrest 7 hat der erste Spieler mithin die Wahrscheinlichkeit von $1/2$, daß er eine Zahl würfelt, die ihm den Sieg gewährleistet, wenn er nur stets richtig spielt.

Neun Probleme

1. Die gedrehten Schrauben

Zwei gleiche Schrauben liegen so nebeneinander, daß ihre Gewinde ineinandergreifen (Abb. 64). Werden nun die Schrauben in der ange-

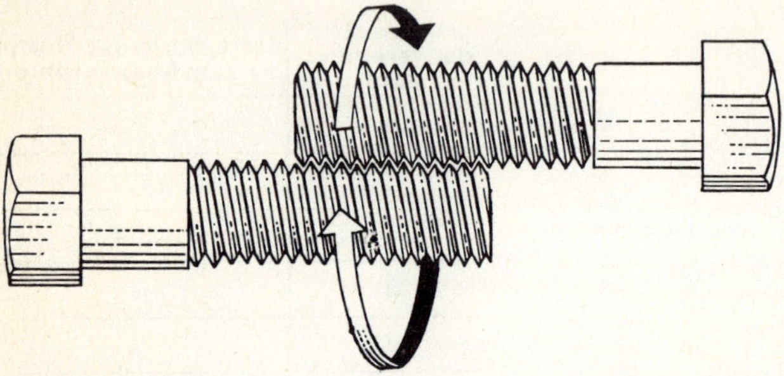

Abb. 64
Die verdrehten Schrauben

gebenen Richtung umeinandergedreht, so wie man etwa die Daumen dreht, wobei jede Schraube am Kopf festgehalten wird, so daß sie nicht rotiert, werden sich dann die Schraubenköpfe a) nähern, b) voneinander entfernen, oder c) stets im gleichen Abstand voneinander bleiben? Das Problem soll nicht experimentell gelöst werden.

2. Der Flug um die Erde

Eine Gruppe von Flugzeugen ist auf einer kleinen Insel stationiert. Der Tank eines jeden Flugzeuges reicht genau für einen Flug um die halbe Erde aus. Jede beliebige Menge Treibstoff kann während des Fluges vom Tank des einen in den Tank eines anderen Flugzeuges umgefüllt werden. Die einzigen Treibstoffvorräte befinden sich auf der Insel, und für das Problem kann man voraussetzen, daß beim Tanken, sei es in der Luft oder auf der Insel, keine Zeit verlorengeht. Welches ist die kleinste Anzahl von Flugzeugen, die nötig ist, um den Flug eines einzigen Flugzeuges auf einem Kreis um die Erde zu gewährleisten, vorausgesetzt, daß die Flugzeuge alle dieselbe konstante Geschwindigkeit und denselben konstanten Treibstoffverbrauch haben und daß alle Maschinen sicher zur Insel zurückkehren?

3. Der Kreis auf dem Schachbrett

Ein Schachbrett hat Felder, welche eine Seitenlänge von 2 cm haben. Welches ist der Radius des größten Kreises, den man auf dem Brett so ziehen kann, daß der Umfang des Kreises nur im Innern von schwarzen Feldern verläuft?

4. Der Korkstöpsel

Viele ältere Rätselbücher erklären, wie ein Korkstöpsel zerschnitten werden muß, damit er genau in ein quadratisches, kreisförmiges und dreieckiges Loch paßt (Abb. 65). Ein interessantes Problem ist, das

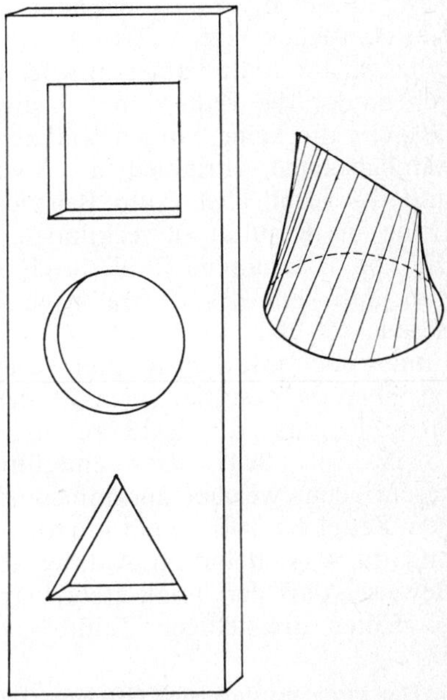

Abb. 65
Der Korkstöpsel

Volumen dieses Korks zu finden. Voraussetzung sei, daß er eine kreisförmige Grundfläche mit dem Einheitsradius, eine Höhe von zwei Einheiten und eine gerade obere Kante mit einer Länge von ebenfalls zwei Einheiten habe, die sich direkt über dem Kreisdurchmesser parallel zu diesem befindet. Der Kork ist also so geformt, daß alle Querschnitte, die senkrecht zur oberen Kante ausgeübt werden, Dreiecke bilden. Man kann sich den Körper auch so entstanden vorstellen, daß eine gerade Linie die obere Kante mit dem Umfang des Grundkreises verbindet und sich dann so bewegt, daß sie stets parallel zu einer Ebene liegt, die senkrecht auf der Kante steht. Das Volumen des Korks läßt sich natürlich durch Integralrechnung ermitteln, aber es gibt einen einfachen Weg, es zu finden, der nur wenig mehr Kenntnis verlangt, als daß das Volumen eines geraden Kreiszylinders gleich dem Produkt von Kreisfläche und Höhe ist.

5. Die wiederkehrende Zahl

Ein ungewöhnlicher Unterhaltungstrick wird folgendermaßen ausgeführt. Bitte einen Zuschauer A, eine dreistellige Zahl aufzuschreiben und dann ihre Ziffern noch einmal in gleicher Reihenfolge hinter die Zahl zu setzen, so daß sich eine sechsstellige Zahl ergibt (z. B. 394394). Mit dem Rücken zum Zuschauer, so daß du die Zahl nicht sehen kannst, bitte A, das Blatt Papier mit der Zahl an einen Zuschauer B weiterzugeben, der die Zahl durch 7 dividieren soll.
„Mache dir keine Sorgen um den Rest", so sprich zu ihm, „es wird nämlich keiner übrigbleiben". B wird überrascht sein, wenn er entdeckt, daß du recht hast (zum Beispiel ergibt 394 394 : 7 gerade 56 342). Ohne das Resultat zu verkünden, reiche B den Zettel an C weiter, der die von B erhaltene Zahl durch 11 teilen soll. Wieder versicherst du ihm, daß kein Rest auftreten wird, und auch das stellt sich als richtig heraus (56 342 : 11 = 5122).
Immer noch mit dem Rücken zu den Zuschauern und ohne jede Kenntnis über die resultierenden Zahlen bitte einen vierten Zuschauer, das letzte Resultat durch 13 zu dividieren. Wieder geht die Teilung auf (5 122 : 13 = 394). Das endgültige Resultat wird auf einen Zettel geschrieben, welcher zusammengefaltet und dir überreicht wird. Ohne den Zettel zu öffnen, gib ihn an A weiter. Sage ihm: „Öffne den Zettel und du wirst deine zu Anfang ausgesuchte Zahl wiederfinden".
Beweise, daß der Trick stets klappt, unabhängig von der zu Anfang gewählten dreistelligen Zahl.

6. Die zusammenstoßenden Geschosse

Zwei Geschosse fliegen direkt aufeinander zu, und zwar das eine mit 9000 km/h und das andere mit 21 000 km/h. Sie sind 1 317 km weit auseinander abgeschossen worden. Ohne Bleistift und Papier berechne ihren gegenseitigen Abstand 1 Minute vor dem Zusammenstoß.

7. Die gleitenden Pfennige

Sechs Pfennige sind auf einer *horizontalen Ebene* wie in Abb. 66 angeordnet. Das Problem verlangt, sie in der kleinstmöglichen Zahl von Zügen in die im unteren Teil der Abbildung gezeigte Stellung zu überführen. Ein Zug besteht darin, einen Pfennig, ohne die Lage der anderen Pfennige zu verändern, in eine neue Lage zu gleiten, in der er zwei andere Pfennige berührt. Die Münzen müssen stets flach auf der Ebene liegen.

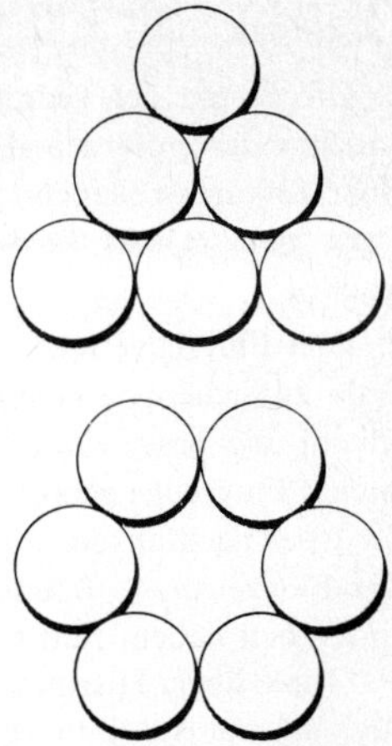

Abb. 66
Die gleitenden Pfennige

8. Händeschütteln und Netze

Man beweise, daß die Zahl der kürzlich auf einem Kongress der Biophysiker anwesenden Wissenschaftler, die eine ungerade Anzahl von Malen Hände schüttelten, gerade ist. Dasselbe Problem läßt sich geometrisch auch folgendermaßen formulieren: Zeichne so viele Punkte (Biophysiker), wie du willst, auf ein Blatt Papier; ziehe weiter so viele Linien (Händeschütteln), wie du willst, von einem Punkt zu irgendwelchen anderen Punkten. Ein Punkt kann beliebig oft „Hände schütteln" oder auch überhaupt nicht. Zeige, daß die Zahl der Punkte, von denen eine ungerade Anzahl von Linien ausgeht, gerade ist.

9. Das dreieckige Duell

Smith, Brown und Jones verabreden sich zu einem Pistolenduell unter folgenden ungewöhnlichen Bedingungen. Nachdem sie Lose gezogen haben, wer als erster, zweiter und dritter schießt, nehmen sie ihre Plätze an den Eckpunkten eines gleichseitigen Dreiecks ein. Es wird vereinbart, daß sie stets zyklisch abwechselnd einmal schießen, bis zwei von ihnen tot sind. Bei jedem Mal darf derjenige, der gerade an der Reihe ist, schießen, auf wen er will. Alle drei Duellisten wissen ferner, daß Smith sein Ziel immer trifft, daß Brown mit 80%iger Sicherheit und Jones mit 50%iger Sicherheit treffen.
Wer hat unter der Voraussetzung, daß alle drei die beste Strategie anwenden und daß keiner durch eine verirrte Kugel, die nicht für ihn bestimmt war, getötet wird, die beste Chance, zu überleben. Eine schwierigere Frage: Welches sind die genauen Überlebenswahrscheinlichkeiten der drei Duellisten?

Lösungen

1. Die Köpfe der gedrehten Schrauben werden sich weder einander nähern noch voneinander entfernen. Die Situation ist mit der einer Person vergleichbar, die auf einer abwärts rollenden Rolltreppe mit gleicher Geschwindigkeit die Treppe aufwärts geht. (Dank *Theodore A. Kalin* wurde ich auf dieses Rätsel aufmerksam gemacht).

2. Drei Flugzeuge reichen völlig aus, um den Flug eines einzigen Flugzeuges um die Erde zu sichern. Es gibt viele Methoden, die zum Ziel führen, aber die folgende scheint die beste zu sein. Sie beansprucht nur 5 Treibstofftanks, läßt den Piloten zweier Flugzeuge genug Zeit für eine Tasse Kaffee und einen Imbiß bevor sie auf der Insel nachtanken, und außerdem geht alles sehr symmetrisch vor sich.

Die Flugzeuge A, B und C starten gleichzeitig. Nachdem sie $^1/_8$ der Entfernung hinter sich haben, füllt C $^1/_4$ seines Tankvolumens an Treibstoff in A's und $^1/_4$ in B's Tank über. Hierdurch hat C noch $^1/_4$ des Tanks an Treibstoff, also gerade genug, um zur Insel zurückzukehren.

Die Flugzeuge A und B legen inzwischen ein weiteres $^1/_8$ des Weges zurück und dann gibt B $^1/_4$ seines Tanks an A. B hat nun noch $^1/_2$ des Tanks voll Treibstoff, was gerade für den Rückflug zur Insel ausreicht, wo er mit leerem Tank landet. Flugzeug A setzt seinen Flug mit vollem Tank fort, bis es $^1/_4$ des Weges vor der Insel keinen

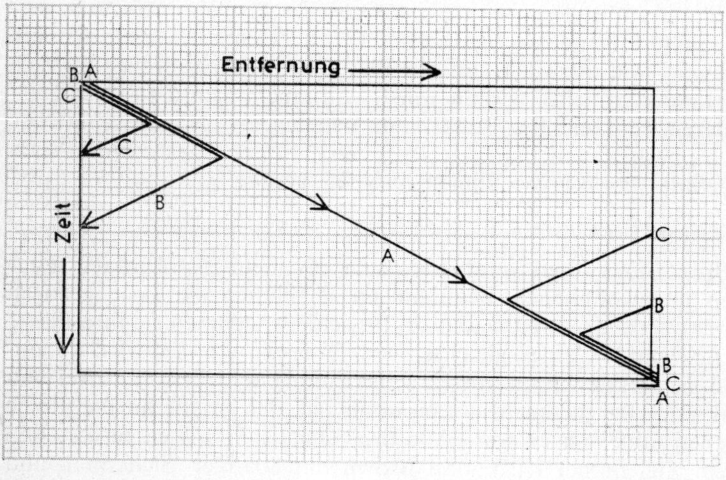

Abb. 67
Der Flug um die Erde

Treibstoff mehr hat. In diesem Moment trifft A jedoch auf C, welches auf der Insel nachgetankt hatte. C füllt $^1/_4$ des Tanks an A und beide Flugzeuge fliegen heimwärts. Im Abstand $^1/_8$ des Weges von der Insel geht beiden der Treibstoff aus und sie treffen auf das inzwischen nachgetankte Flugzeug B. B gibt an beide je $^1/_4$ seines Tanks.

Alle drei Flugzeuge haben jetzt gerade noch so viel Treibstoff, um die Insel mit leeren Tanks zu erreichen.

Der gesamte Vorgang läßt sich wie in Abb. 67 graphisch darstellen, wobei die Entfernung auf der waagerechten und die Zeit auf der senkrechten Achse abgetragen ist. Die linke und rechte Seite der Abb. 67 muß natürlich als verbunden vorgestellt werden.

3. Setzt man eine Zirkelspitze im Mittelpunkt eines schwarzen Quadrats des Schachbretts an und zieht man einen Kreis mit einem Radius von 10 cm, so wird die Zirkelmine den größtmöglichen Kreis ziehen, der nur schwarze Felder berührt.

4. Jeder Querschnitt des Stöpsels senkrecht zur oberen Kante und zur Grundfläche ist ein Dreieck. Wäre der Korken ein Zylinder von derselben Höhe, dann wären die entsprechenden Querschnitte Rechtecke. Jeder dreieckige Querschnitt hat offenbar genau den halben Flächeninhalt des entsprechenden rechteckigen Querschnittes. Da alle dreieckigen Querschnitte zusammen den Korken ergeben, muß er das halbe Volumen des Zylinders haben. Das Zylindervolumen beträgt 2π, so daß unsere Antwort einfach π ist. (Diese Lösung wurde in „No Calculus, Please" von *J. H. Butchart* und *Leo Moser* in Scripta Mathematica, September — Dezember 1952 gegeben). Tatsächlich kann der Korken eine unendliche Anzahl von Formen haben, um trotzdem in die drei Löcher zu passen. Die hier beschriebene Form hat das kleinste Volumen eines konvexen Körpers, der in die Löcher passt. Das größte Volumen erhält man, indem man den Zylinder durch zwei ebene Schnitte wie in Abb. 68 angedeutet zerlegt.

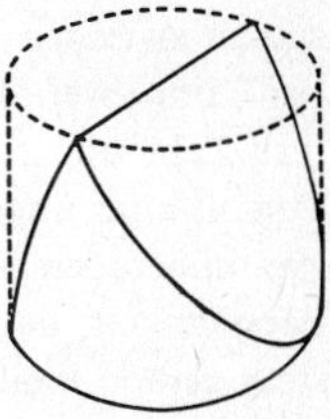

Abb. 68
Ausschneiden des Korkens

Dies ist die Gestalt des Korkens, die in den meisten Rätselbüchern angegeben wird, die das Korkenproblem enthalten. Sein Volumen gleicht dem einer Kugel, die denselben Radius besitzt wie der Zylinder.

5. Wird die dreistellige Zahl zweimal hintereinander geschrieben, so ist dies dasselbe, als wenn wir sie mit 1001 multiplizieren. 1001 ist aber gerade das Produkt von 7, 11 und 13, so daß das zweimalige Aufschreiben der Zahl äquivalent damit ist, daß wir sie mit 7, 11 und 13 multiplizieren. Wird dann das Produkt nacheinander durch diese drei Zahlen dividiert, so ergibt sich natürlich wieder die ursprüngliche dreistellige Nummer (s. [57]).

6. Die beiden Geschosse nähern sich einander mit einer Gesamtgeschwindigkeit von 30 000 km/h oder 500 km/min. Gehen wir nun zeitlich eine Minute vom Zusammenstoß zurück, so sehen wir, daß die Geschosse eine Minute vor dem Zusammenprall 500 km voneinander entfernt waren.

7. Man numeriere die oberste Münze der Pyramide mit 1, die beiden in der nächsten Reihe mit 2 und 3 und diejenigen in der untersten Reihe mit 4, 5 und 6. Die folgenden vier Züge sind charakteristisch für viele Lösungen:
Bewege 1 so, daß 2 und 4 berührt werden, bewege 4 so, daß 5 und 6 berührt werden, bewege 5, um 1 und 2 zu berühren und bewege schließlich 1, um 4 und 5 zu berühren.

8. Da bei jedem Händeschütteln zwei Personen beteiligt sind, ist die Summe der Anzahl der Handschläge aller Personen der Versammlung sicherlich gerade. Die Summe der Zahl der Handschläge aller Personen, die eine gerade Zahl von Malen Hände schüttelten, ist natürlich ebenfalls gerade. Subtrahieren wir diese Summe von der Gesamtsumme, so erhalten wir eine gerade Summe von Handschlägen aller Personen, die ungerade oft Hände schüttelten. Da nur eine gerade Anzahl von ungeraden Zahlen wieder eine gerade Zahl ergibt, schließen wir, daß eine gerade Anzahl von Männern ungerade oft Hände schüttelten.
Es existieren noch andere Beweise für unsere Behauptung; einer von ihnen wurde mir von *Gerald K. Schoenfeld*, einem Offiziersarzt der US-Marine mitgeteilt. Zu Beginn des Kongresses, bevor überhaupt Hände geschüttelt wurden, ist die Zahl der Personen, die eine ungerade Zahl von Malen Hände geschüttelt haben, Null. Der erste Handschlag ergibt zwei „ungerade Personen". Von nun an gibt es drei Arten von Handschlägen: zwischen zwei „geraden Personen", zwischen zwei „ungeraden" und zwischen einer „geraden" und einer „ungeraden Person". Jeder Handschlag zwischen zwei „geraden Personen" erhöht die Anzahl der „ungeraden Personen" um zwei. Jeder Handschlag zwischen zwei „ungeraden Personen" verringert ihre Zahl um zwei. Jeder „gerade-ungerade" Handschlag macht aus der geraden Person eine ungerade und aus der ungeraden Person eine gerade, so daß die Zahl der ungeraden Personen in diesem Falle unverändert bleibt. Es gibt mithin keine Möglichkeit, daß die gerade Zahl von ungeraden Personen ungerade wird; sie muß stets gerade bleiben.
Beide Beweise lassen sich auch auf das geometrische Bild der Punkte und der sie verbindenden Linien anwenden. Die Linien bilden ein Netz, in dem die Zahl der Punkte, an denen eine ungerade Zahl von Verbindungslinien enden, gerade ist. Diesen Satz werden wir noch einmal im Kapitel ,,Unterhaltsame Topologie" in Verbindung mit einem Graphen-Rätsel benötigen.

9. In dem dreieckigen Pistolenduell hat der schlechteste Schütze, Jones, die größte Chance zu überleben. Da Jones' Gegner auf sich gegenseitig zielen werden, wenn sie an der Reihe sind, besteht Jones' beste Strategie darin, solange in die Luft zu schießen, bis einer der Gegner tot ist. Nun hat Jones den nächsten Schuß gegen den Überlebenden, was ein großer Vorteil für ihn ist.
Smith's Überlebenschancen sind am leichtesten zu berechnen. Die Wahrscheinlichkeit ist $^1/_2$, daß er im Duell mit Brown den ersten Schuß hat, was Browns Tod zur Folge hätte. Die Chance dafür, daß Brown zuerst schießt, ist ebenfalls $^1/_2$, und da

Brown mit 80%iger Sicherheit trifft, hätte Smith eine Chance von $^1/_5$, zu überleben. Smiths Gesamtchance, Brown zu überleben, beträgt also $^1/_2 + ^1/_2 \cdot ^1/_5 = ^3/_5$. Jones, der mit einer Wahrscheinlichkeit von $^1/_2$ trifft, zielt jetzt auf Smith. Schießt er daneben, so tötet Smith ihn, so daß Smith eine Überlebenschance gegenüber Jones von $^1/_2$ hat. Smiths Gesamtchance, im Duell zu überleben, ergibt sich mithin zu $^3/_5 \cdot ^1/_2 = ^3/_{10}$.

Browns Fall liegt komplizierter, da hierbei eine unendliche Reihe von Einzelwahrscheinlichkeiten auftritt. Seine Chance, gegen Smith zu überleben, beträgt $^2/_5$ (wir sahen eben, daß Smith's Überlebenschance gegenüber Brown $^3/_5$ betrug, und da ferner einer der beiden Männer sterben muß, subtrahieren wir $^3/_5$ von 1, um Browns Überlebenschance gegenüber Smith zu erhalten). Brown wird nun von Jones aufs Korn genommen. Die Wahrscheinlichkeit, daß Jones nicht trifft, ist $^1/_2$, so daß Brown eine Chance von $^4/_5$ hat, Jones zu töten. Bis zu diesem Punkt beträgt seine Chance, Jones zu erschiessen, $^1/_2 \cdot ^4/_5 = ^2/_5 = ^4/_{10}$. Es bleibt aber noch eine Chance von $^1/_5$, daß Brown daneben schießt, worauf Jones einen weiteren Schuß hat. Browns Chance zu überleben ist wieder $^1/_2$; dann hat er eine Chance von $^4/_5$, Jones zu töten, so daß seine Überlebenswahrscheinlichkeit beim zweiten Rundgang $^1/_2 \cdot ^1/_5 \cdot ^1/_2 \cdot ^4/_5 = ^4/_{100}$ ist.

Schießt Brown daneben, so wird die Chance, daß er Jones in der dritten Runde tötet, $^4/_{1000}$ betragen. Trifft er wieder nicht, so wird die Chance, Jones in der vierten Runde zu töten, $^4/_{10\,000}$ betragen u.s.w. Browns Gesamtüberlebenschance gegenüber Jones ergibt sich daher als Summe der folgenden unendlichen Reihe:

$$^4/_{10} + ^4/_{100} + ^4/_{1000} + ^4/_{10\,000} + \ldots\ldots$$

Diese Summe läßt sich aber auch als Dezimalbruch in der Form 0,44444... schreiben, was offenbar gerade $^4/_9$ ist.

Vorhin sahen wir, daß Brown eine Chance von $^2/_5$ hatte, Smith zu überleben. Nun wissen wir, daß seine Chance, Jones zu überleben, $^4/_9$ ist. Seine Gesamtüberlebenschance ist daher $^2/_5 \cdot ^4/_9 = ^8/_{45}$.

Jones' Wahrscheinlichkeit, das Duell zu überleben, könnte man ganz entsprechend ermitteln, aber wir können seine Chance, zu überleben, natürlich viel schneller erhalten, indem wir einfach Smith's Chance $^3/_{10}$ und Browns Chance $^8/_{45}$ von 1 subtrahieren. Als Resultat ergibt sich Jones' Überlebenschance zu $^{47}/_{90}$.

Das gesamte Duell kann übersichtlich graphisch dargestellt werden, wenn man den Graph der Abb. 69 benutzt. Er beginnt mit zwei Zweigen, da Jones daneben schießt, wenn er den ersten Schuß hat, und da infolgedessen nur zwei gleiche Möglichkeiten übrigbleiben: Smith schießt zuerst oder Brown schießt zuerst, jeder in der Absicht, den anderen zu töten. Der eine Zweig geht ins Unendliche weiter.

Die Gesamtüberlebenschance einer Person kann folgendermassen errechnet werden:

1. Man markiere alle Enden der Äste, bei denen die jeweilige Person überlebt hat.
2. Man gehe von jedem Ende zurück zum Anfangspunkt der Äste, wobei man die Wahrscheinlichkeiten aller Segmente auf dem jeweiligen Ast miteinander multipliziert. Das Produkt wird die Wahrscheinlichkeit des am Ende des jeweiligen Zweiges stehenden Ereignisses sein.

3. Man addiere die Wahrscheinlichkeiten aller markierten Endpunkte. Die Summe ist dann die Gesamtüberlebenswahrscheinlichkeit der jeweiligen Person.

Bei der Berechnung von Brown's und Jones' Überlebenschancen tritt eine unendliche Anzahl von Endpunkten auf, aber es ist nicht schwer, aus dem Diagramm das Bildungsgesetz der unendlichen Reihe in jedem Falle zu erkennen.

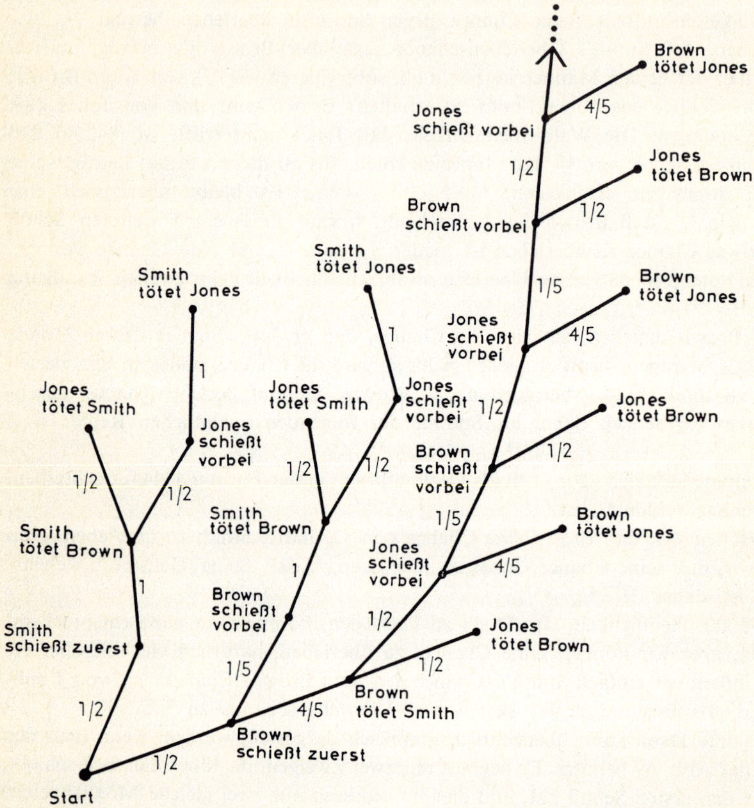

Abb. 69
Graph zum Duell-Problem

Als ich die Antwort zu diesem Problem veröffentlichte, erwähnte ich, daß irgendwo im Problem eine Moral in bezug auf die internationale Politik enthalten sei. Diese Bemerkung hatte den folgenden Kommentar von *Lee Kean* aus Dayton, Ohio zur Folge:

„Sehr geehrte Herren!
Wir dürfen nicht erwarten, daß in der internationalen Politik die Staaten sich so vernünftig benehmen werden wie die im Problem auftretenden Einzelpersonen. Der 50%ige Jones schießt, im Gegensatz zu seinen persönlichen Interessen, nicht auf den Gegner, der für ihn am gefährlichsten ist. Trotzdem hat er die größte Überlebenschance, nämlich 44,722%. Brown und Smith finden ihre Chancen umgedreht. Der 80%ige Brown hat eine Chance von 31,111%, zu überleben, und der absolut sichere Schütze Smith kommt mit 24,167 % am schlechtesten weg. Vielleicht ist die Moral für die internationale Politik hier noch besser."

Das Problem erscheint in vielen Varianten in einigen Rätselbüchern. Zum ersten Male fand ich das Problem im Jahre 1938 [58]. Eine andere Version befindet sich in [59], aber die dort gegebene Antwort ist falsch. Die richtigen Wahrscheinlichkeiten kann man in [60] nachlesen.

Zusammensetzspiel mit sieben Teilen eines Würfels der Größe 3^3

(Der Soma-Würfel)

„Keine Zeit, keine Ruhe ... keinen Augenblick, um sich zu setzen und zu denken — oder sollte durch einen unglücklichen Zufall solch ein Zeitspalt in der festen Substanz ihrer Verwirrung gähnen, dann gibt es immer Soma, köstliches Soma..."

Aldous Huxley, Schöne Neue Welt

Ein chinesisches Rätsel, Tangram genannt, von dem man annimmt, daß es tausende von Jahren alt ist, besteht aus einem Quadrat aus dünnem Material, welches in sieben Stücke zerlegt ist. Das Spiel besteht darin, diese Stücke neu anzuordnen, so daß andere Figuren entstehen. Von Zeit zu Zeit wurde der Versuch unternommen, ein passendes Analogon für drei Dimensionen zu erfinden. Kein Versuch war meiner Meinung nach so erfolgreich wie der Soma-Würfel, der von *Piet Hein*, dem dänischen Schriftsteller, dessen mathematische Spiele Hex und Tac Tix auf den Seiten 33 und 61 behandelt werden, erfunden wurde. *Piet Hein* ersann den Soma-Würfel während einer Vorlesung von *Werner Heisenberg* über Quantenphysik. Während der bekannte deutsche Physiker über die Zerlegung eines Raumes in Würfel sprach, glitt durch *Piet Heins* rege Phantasie der blitzschnelle Einfall des folgenden eigenartigen geometrischen Satzes. Betrachtet man alle unregelmäßigen Körper, die aus nicht mehr als vier gleichgroßen und an den Seitenflächen verbundenen Würfeln bestehen, so lassen sich diese Figuren zu einem großen Würfel zusammensetzen.

Wir wollen dies verständlicher machen. Die einfachste unregelmäßige Form — „unregelmäßig" in dem Sinne, daß der Körper irgendwo Ecken hat — wird durch drei Würfel gebildet, die wie in Abb. 70, 1 aneinandergelegt werden. Dies ist der einzige unregelmäßige Körper, der aus 3 Würfeln gebildet werden kann. (Natürlich lassen sich regelmäßige Körper auch mit 1 oder 2 Würfeln darstellen). Gehen wir zu 4 Würfeln über, so finden wir, daß es sechs verschiedene Möglichkeiten gibt, unregelmäßige Körper aus den 4 Würfeln zu formen. Es sind dies die Figuren 2 bis 7 in der Abb. 70. Um die 7 Körper zu unterscheiden, numeriert *Piet Hein* sie. Keine zwei Figuren sind gleich, obwohl 5 und 6 Spiegelbilder sind.

Piet Hein bemerkt, daß zwei Würfel nur entlang einer einzigen Ebenen-

richtung verbunden werden können, daß bei 3 Würfeln eine zweite Ebenenrichtung, senkrecht zur ersten, hinzukommt und daß vier Würfel nötig sind, um eine dritte Ebenenrichtung, senkrecht zu den beiden anderen, einzuführen.
Da wir nicht in die vierte Dimension eindringen können, um 5 Würfel entlang einer vierten Ebenenrichtung zu verbinden, ist es zweckmäßig, unsere Menge von Soma-Stücken auf 7 zu beschränken. Es ist eine

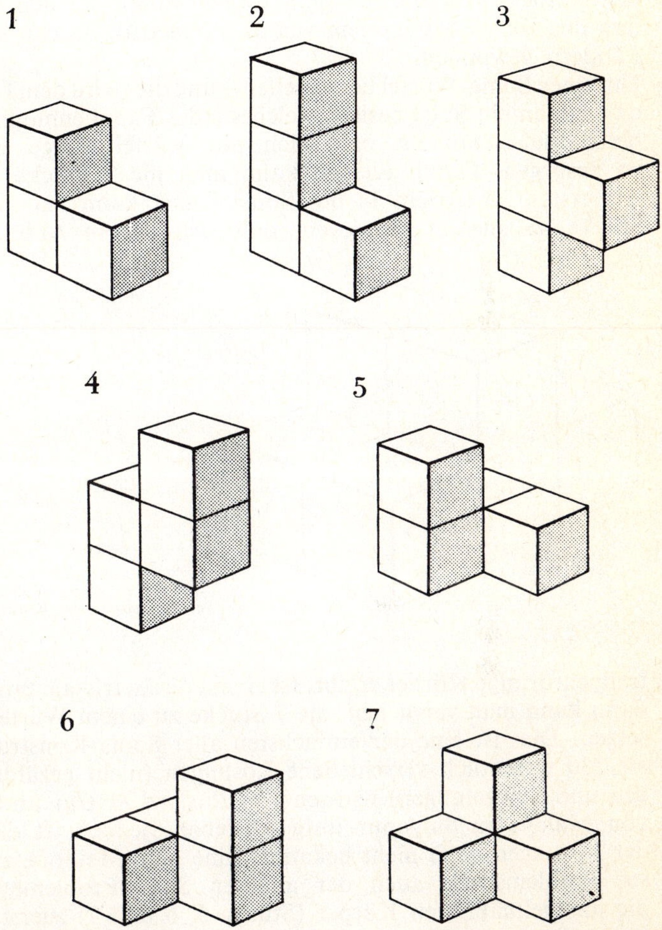

Abb. 70
Die sieben Soma-Teile

unerwartete Tatsache, daß diese elementaren Kombinationen von Würfeln wieder zu einem großen Würfel zusammengesetzt werden können.
Während *Heisenberg* weitersprach, überlegte sich *Piet Hein* schnell, indem er die 7 Stücke, welche zusammen 27 Würfel enthalten, auf einen Zettel malte, daß der größte Würfel von der Größe 3^3 wäre. Nach der Vorlesung klebte er 27 Würfel zu den 7 Figuren zusammen und überzeugte sich schnell von seiner Vermutung. Eine Zusammenstellung der 7 Stücke wurde unter dem Namen Soma auf den Markt gebracht und das Rätsel hat seitdem viel an Popularität in den skandinavischen Ländern gewonnen.
Um einen Soma-Würfel herzustellen—und dies wird dem Leser empfohlen, da er dann ein Spiel besitzt, welches jedes Familienmitglied für Stunden beschäftigt — braucht man sich nur würfelförmige Kinderbausteine zu besorgen. Durch Kleben kann man die 7 Stücke erhalten.
Als ersten Unterricht in der Soma-Kunst kann man versuchen, zwei Stücke so aneinanderzulegen, daß sich der in Abb. 71 abgebildete

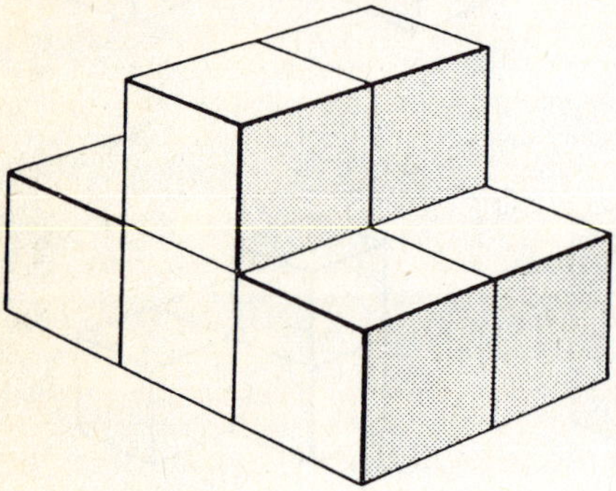

Abb. 71
Ein aus zwei Soma-Teilen zusammengesetzter Körper

treppenförmige Körper ergibt. Ist einem dieses triviale Problem gelungen, dann kann man versuchen, die 7 Stücke zu einem Würfel zusammenzusetzen. Dies ist eine der einfachsten aller Soma-Konstruktionen. Mehr als 230 wesentlich verschiedene Lösungen (nicht gezählt sind Drehungen und Spiegelungen) wurden von *Richard K. Guy* an der Universität von Malaya in Singapur aufgeschrieben, jedoch ist die genaue Zahl der Lösungen noch nicht bekannt. Eine gute Methode zur Lösung dieses Problems wie auch der anderen Soma-Probleme besteht darin, die unregelmäßigsten Körper (Stücke 5, 6 und 7) zuerst aneinanderzufügen, da dann die anderen Stücke besser in die verbleibenden Lücken passen. Teil 1 hebt man sich am besten bis zum Schluß auf.

Nachdem einem die Konstruktion des Würfels gelungen ist, kann man sich an den schwierigeren Figuren der Abb. 72 versuchen. Statt zeitraubende Versuche anzustellen, ist es viel befriedigender, wenn man die einzelnen Konstruktionen analysiert und die Lösungszeit durch geometrische Betrachtungen abkürzt. Beispielsweise liegt es auf der Hand, daß die Stücke 5, 6 und 7 nicht die Stufen zum Brunnen bilden können. Wettbewerbe können auch durchgeführt werden, indem man jedem Spieler ein Soma-Spiel gibt und sieht, wer eine gegebene Figur in der kürzesten Zeit aufbauen kann. Um Irrtümer zu vermeiden, sollte man vorher ankündigen, daß die Rückseiten der Pyramide und des Dampfers genauso aufgebaut sind, wie die Seiten im Vordergrund; sowohl das Brunnenloch, als auch das Innere der Badewanne haben ein Volumen von 3 Würfeln; auf der Rückseite des Wolkenkratzers befinden sich weder Löcher, noch hervorragende Stücke; die Säule, die den Hals und Hinterkopf des Hundes bildet, besteht aus 4 Würfeln, von denen der unterste nicht zu sehen ist.

Hat man einige Tage mit den Soma-Teilen gespielt, dann stellen viele Leute fest, daß die Figuren ihnen so vertraut sind, daß sie Soma-Probleme im Kopf lösen können. Experimente, die von europäischen Psychologen durchgeführt wurden, zeigten, daß die Fähigkeit, Soma-Probleme zu lösen, eng mit der allgemeinen Intelligenz zusammenhängt, daß jedoch eigenartige Diskrepanzen an beiden Enden der Intelligenzquotienten-Kurve auftreten. Einige Genies sind sehr schlecht im Soma-Spiel und einige Schwachsinnige scheinen mit einer besonderen Gabe für räumliche Vorstellung versehen zu sein. Jeder dieser letztgenannten Gruppe, mit dem ein solches Experiment gemacht wurde, wollte mit den Soma-Teilen auch nach dem Test weiterspielen.

Wie die zweidimensionalen Teile des chinesischen Tangrams, führen auch die Soma-Konstruktionen zu interessanten Sätzen und Unmöglichkeitsbeweisen der kombinatorischen Geometrie. Man betrachte etwa die Figur der Abb. 73. Es war niemandem gelungen, sie zu bauen, und bis vor kurzem gab es auch keinen Unmöglichkeitsbeweis.

Hier ist der kluge Beweis, der von *Solomon W. Grolomb*, einem Mathematiker am Jet Propulsion Institute des California Institute of Technology, entdeckt wurde.

Wir sehen von oben auf die Figur, wie in der rechten Abb. 73 angedeutet ist, und färben die Säulen wie ein Schachbrett. Jede Säule ist 2 Würfel tief, mit Ausnahme der mittleren, die eine Tiefe von 3 Würfeln hat. Wir haben somit insgesamt 8 weiße und 19 schwarze Würfel, eine erstaunliche Unregelmäßigkeit.

Der nächste Schritt besteht darin, jeden der 7 Teile in allen möglichen Lagen zu untersuchen, um die Maximalzahl von schwarzen Würfeln zu ermitteln, die er enthalten kann, wenn er in der Schachbrett-Figur liegen würde.

Die Tabelle (Abb. 74) enthält diese Maximalzahl für jedes Teilstück.

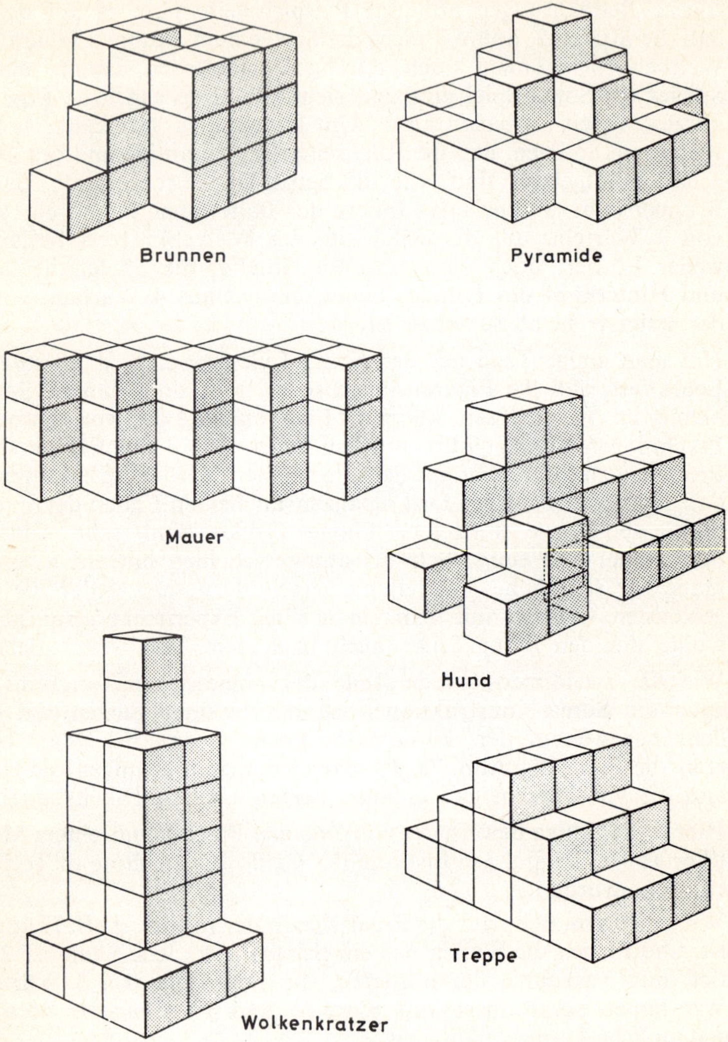

Abb. 72
Eine dieser 12 Figuren läßt sich nicht aus den Soma-Teilen zusammensetzen

Wie man ihr entnimmt, besteht die Summe aus 18 schwarzen und 9 weißen Würfeln; es ist also genau ein schwarzer Würfel zu wenig vorhanden. Würden wir den obersten schwarzen Würfel auf eine der weißen

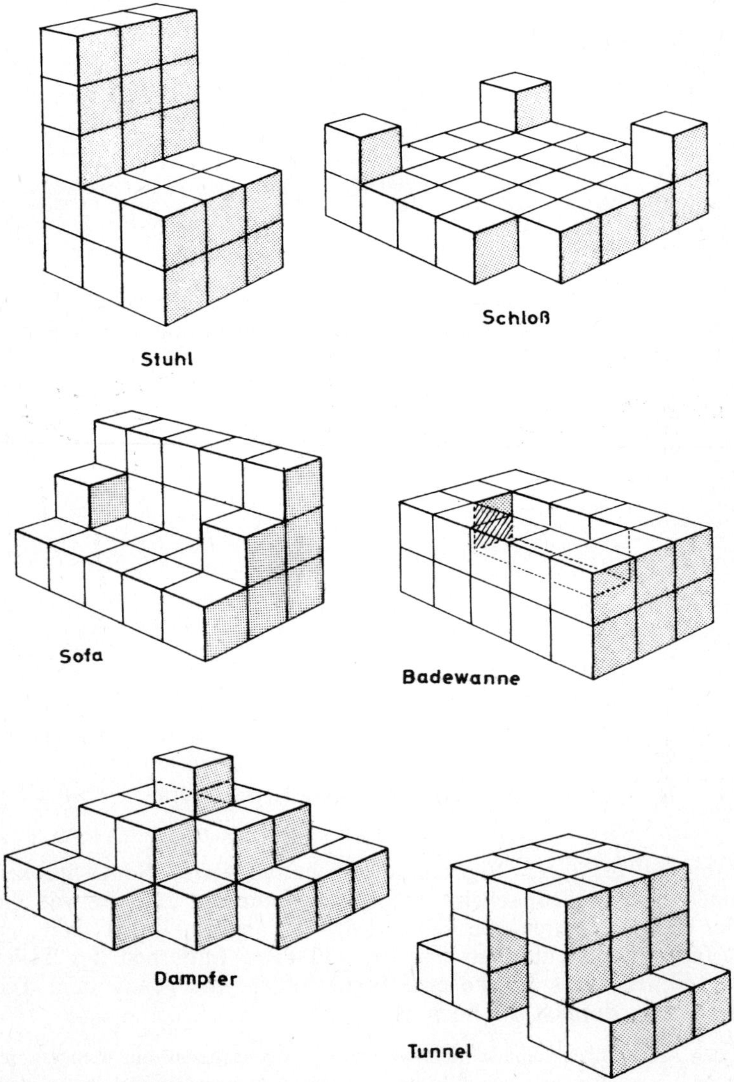

Fortsetzung der Abb. 72

Säulen legen, dann ändert sich das Verhältnis von schwarzen zu weißen Würfeln gerade zu 18 : 9 und die Figur ist konstruierbar.
Ich muß zugeben, daß eine der Figuren der Abb. 72 unmöglich zu konstruieren ist. Es würde jedoch den durchschnittlichen Leser

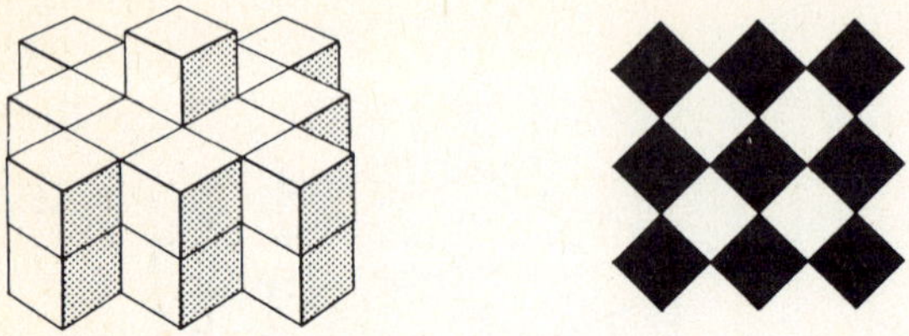

Abb. 73
Eine unmögliche Soma-Form; eine Methode, die Figur mit einem Muster zu versehen

viele Tage in Anspruch nehmen, um diese Figur zu entdecken. In der Antwort am Ende dieses Kapitels werde ich nicht die Methode zur Konstruktion der anderen Figuren angeben (es ist nur eine Zeitfrage bis einem die Konstruktion gelingt), aber ich werde diejenige Figur identifizieren, die nicht zu bauen ist.

Somateil	Maximalzahl von schwarzen Würfeln	Minimalzahl von weißen Würfeln
1.	2	1
2.	3	1
3.	3	1
4.	2	2
5.	3	1
6.	3	1
7.	2	2
	18	9

Abb. 74
Tabelle für den Unmöglichkeitsbeweis

Die Zahl der gefälligen Figuren, die sich aus den 7 Soma-Stücken zusammensetzen lassen, scheint ebenso unbeschränkt zu sein, wie die Zahl der ebenen Figuren, die sich aus den 7 Tangram-Teilen aufbauen lassen. Eine interessante Tatsache ist, daß beim Entfernen des Teiles 1 die restlichen sechs Stücke eine Figur bilden, die genau dem Teil gleicht, jedoch doppelt so hoch ist.

Als ich den Artikel über Soma schrieb, war ich der Meinung, daß nur wenige Leser sich die Mühe machen würden, sich ein Soma-Spiel herzustellen. Ich hatte mich geirrt. Tausende von Lesern sandten Skizzen von neuen Soma-Figuren und viele beklagten sich darüber, daß ihre Freizeit völlig in Anspruch genommen sei, seitdem sie von der Soma-Krankheit angesteckt worden seien. Lehrer stellten Soma-Spiele für ihre Klassen her. Psychologen benutzten Soma für ihre psychologischen Tests. Soma-Fanatiker bauten Soma-Spiele für Freunde im Krankenhaus und verschenkten sie als Weihnachtsgeschenke. Dutzende von Firmen verlangten nach Herstellungsrechten. Gem Color Company, New York, N.Y. stellten ein hölzernes Soma-Spiel her — das einzige, welches von *Piet Hein* erlaubt wurde — und es wird immer noch in Spielwarengeschäften verkauft.

Von den Hunderten von neuen Soma-Figuren, die mir von Lesern gesandt wurden, wählte ich die 12 Figuren aus, die in Abb. 75 abgebildet sind. Einige dieser Figuren wurden von mehreren Lesern entdeckt. Alle Figuren sind konstruierbar.

Der Zauber von Soma läßt sich, glaube ich, auf die Tatsache zurückführen, daß nur 7 Teile verwendet werden; man wird nicht durch Komplikationen verwirrt. Es bieten sich auch noch viele Arten von verschiedenen Spielen mit einer größeren Zahl von Einzelteilen an, und ich erhielt sehr viele Briefe mit diesbezüglichen Beschreibungen.

Theodore Katsanis aus Seattle schlug in einem Brief vom 23. Dezember 1957 (vor Veröffentlichung des Artikels über Soma) ein Spiel vor, welches aus den acht verschiedenen Figuren besteht, die man aus vier Würfeln bilden kann. Dieses Spiel enthält außer den sechs bekannten Soma-Teilen noch eine Kette von vier Würfeln, sowie ein $2 \cdot 2$-Quadrat. Katsanis nannte diese Teile „Quadrawürfel"; andere Leser schlugen später die Bezeichnung „Tetrawürfel' vor. Die acht Teile lassen sich natürlich nicht zu einem Würfel zusammensetzen, aber man kann aus ihnen einen $2 \cdot 2 \cdot 4$-Quader bilden. Dies ist ein Körper, der doppelt so hoch wie der quadratische Tetrawürfel ist. Es ist möglich, ähnliche Modelle von den anderen sieben Teilen herzustellen. *Katsanis* entdeckte überdies, daß die acht Teile in zwei Mengen zu je vier Teilen aufgeteilt werden können, so daß beide Mengen einen Quader von der Größe $2 \cdot 2 \cdot 4$ bilden. Diese beiden Quader lassen sich dann auf verschiedene Weisen zu Modellen zusammensetzen, welche doppeltes Volumen wie sechs der acht Teile besitzen.

In einem meiner Artikel beschrieb ich einmal die 12 Pentominos: 12 Flächen, die man durch alle möglichen Anordnungen von Einheitsquadraten erhält. Frau *R. M. Robinson*, die Frau eines Mathematikprofessors an der Universität von Kalifornien in Berkeley, entdeckte, daß die 12 Pentominos, wenn sie auch noch eine Einheitshöhe besitzen, einen $3 \cdot 4 \cdot 5$-Quader ergeben. Unabhängig davon stellten dies auch einige andere Leser fest, unter ihnen *Charles W. Stephenson*, Doktor der Medizin in South Hero, Vermont. Dr. *Stephenson* fand außerdem noch Möglichkeiten, die 3-D-Pentominos zu $2 \cdot 5 \cdot 6$- und $2 \cdot 3 \cdot 10$-Quadern zusammenzusetzen.

Den nächsthöheren Schritt im Schwierigkeitsgrad würden die 29 Teile bilden, die durch alle möglichen Zusammensetz-kombinationen von 5 Würfeln entstehen. *Katsanis* schlug dieses Spiel in demselben oben erwähnten Brief vor und nannte die Teile „Pentawürfel'. Sechs Paare von Pentawürfeln sind Spiegelbilder. Würden wir von jedem dieser Paare nur ein Teil verwenden, so würde sich also die Anzahl der Pentawürfel auf 23 reduzieren. Da sowohl 29 als auch 23 Primzahlen sind, sind keine Quader möglich. *Katsanis* warf noch folgendes Problem auf: Man wähle sich

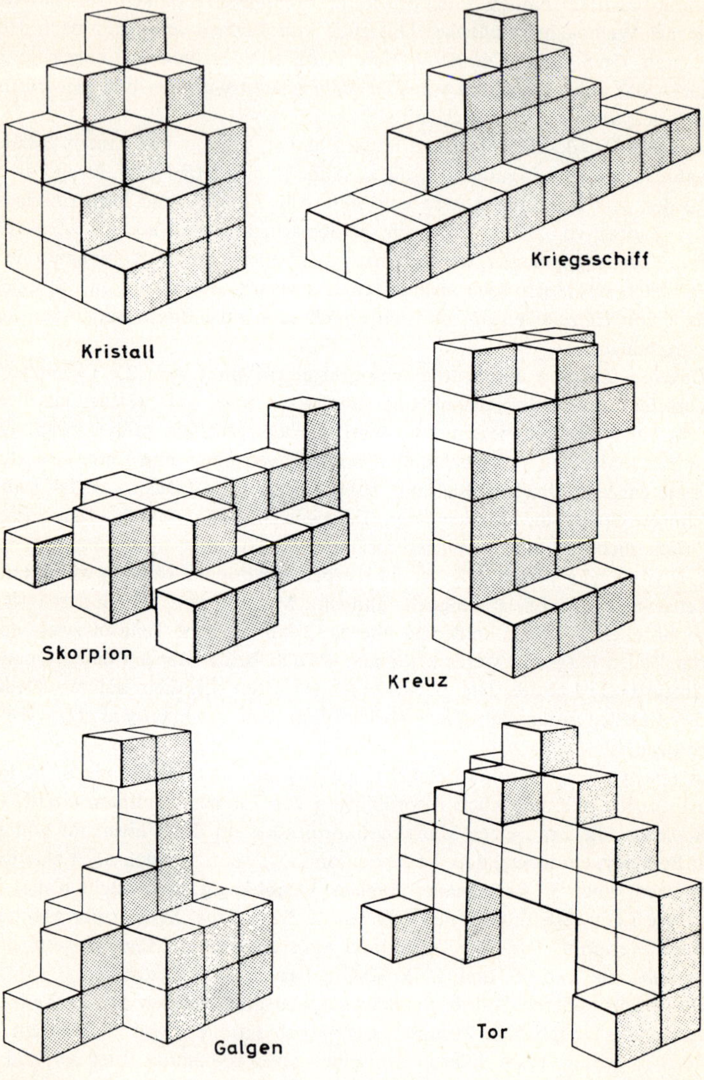

Abb. 75

ein Teil der 29 Pentawürfel aus und verwende 27 von den übrigbleibenden 28 Teilen, um ein Modell des ausgewählten Körpers mit dreifacher Höhe dieses Körpers anzufertigen.

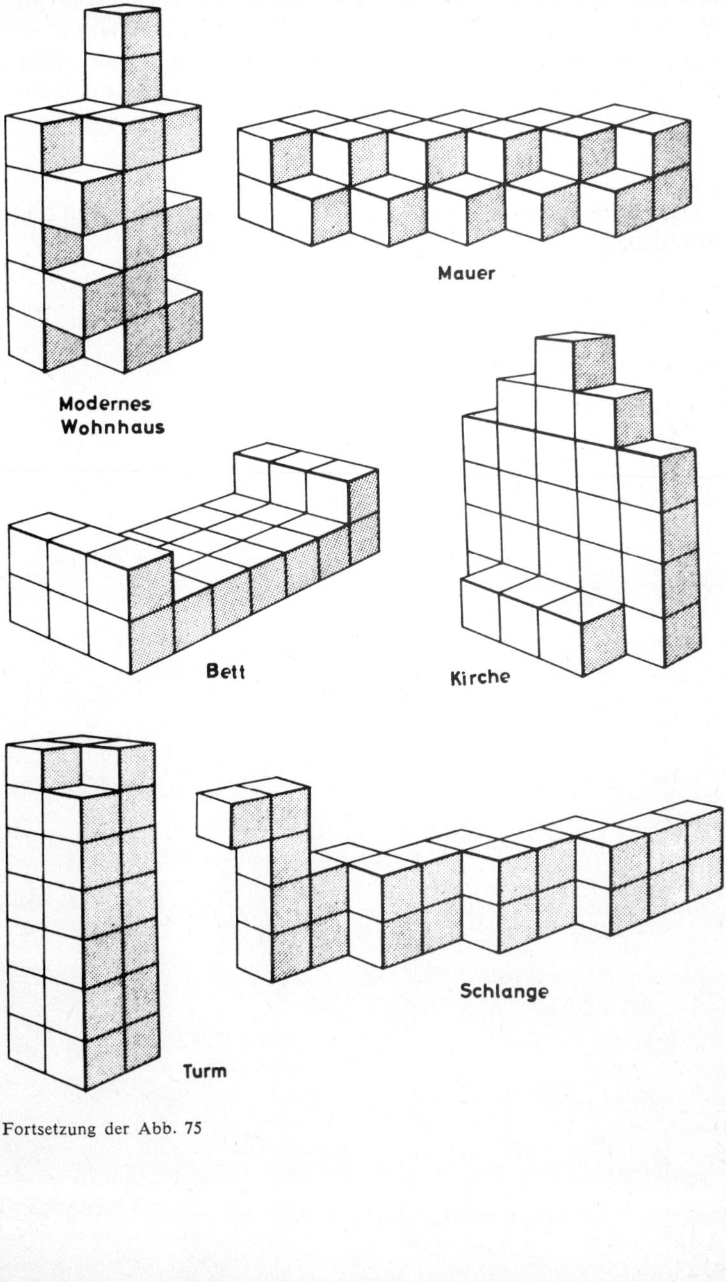

Fortsetzung der Abb. 75

Ein hübsches Spiel von Pentawürfeln wurde mir 1960 von *David Klarner* aus Napa, Kalifornien, zugesandt. Nachdem ich die Pentawürfel aus dem hölzernen Kasten, in dem sie verpackt waren, herausgenommen hatte, ist es mir bisher nicht wieder gelungen, sie wieder zurückzulegen. *Klarner* hat beachtliche Zeit damit zugebracht, ungewöhnliche Pentawürfel-Figuren zu entwickeln, und mich hat es beachtliche Zeit gekostet, einige von ihnen zu konstruieren. *Klarner* schrieb, daß es 166 „Hexawürfel" gäbe (Körper, die durch 6 Einheitswürfel gebildet werden können), die er mir freundlicherweise *nicht* übersandte.

Lösungen

Die einzige Figur in Abb. 72, die sich nicht aus den 7 Somateilen konstruieren läßt, ist der Wolkenkratzer.

Unterhaltsame Topologie

Topologen sind als Mathematiker bezeichnet worden, die nicht den Unterschied zwischen einer Tasse Kaffee und einem Spritzkuchen kennen. Da ein Körper von der Form einer Kaffeetasse theoretisch durch eine stetige Deformation in einen Körper von der Form eines Spritzkuchens übergeführt werden kann, sind beide Körper topologisch äquivalent, und die Topologie läßt sich kurz als das Studium derjenigen Eigenschaften beschreiben, die unter solchen „stetigen" Deformationen invariant bleiben. Eine große Zahl von mathematischen Unterhaltungen (unter ihnen verblüffende Tricks, Rätsel und Spiele) hängt eng mit topologischen Untersuchungen zusammen. Topologen mögen sie für trivial halten, aber für den Rest von uns bleiben sie von Interesse.
Vor einigen Jahren erfand *Stewart Judah*, ein Magiker aus Cincinnati, einen ungewöhnlichen Zaubertrick, bei dem ein Schnürsenkel fest um einen Bleistift und einen Strohhalm gebunden wird. Zieht man an beiden Enden des Schnürsenkels, so scheint er den Bleistift zu durchdringen und zerschneidet den Strohhalm in der Mitte. Mit Judahs Erlaubnis wird der Trick hier erklärt.
Man presse den Strohhalm flach und befestige ein Ende mit einem kurzen Gummiband am Ende eines ungespitzten Bleistifts (Abb. 76, 1). Man knicke den Halm nach unten und bitte jemanden, den Bleistift mit beiden Händen so festzuhalten, daß das obere Ende des Stiftes vom Zauberer im 45°-Winkel wegzeigt. Die Mitte des Schnürsenkels halte man vor den Bleistift (2), dann kreuze man den Senkel hinter dem Bleistift (3). Während des Windens des Schnürsenkels achte man darauf, daß bei jedem Kreuzen dasselbe Ende — sagen wir Ende a — das andere Ende überdeckt. Andernfalls klappt der Trick nicht. Nun lege man die Enden nach vorne und überkreuze sie vor dem Bleistift (4). Der Strohhalm wird nun nach oben gelegt, so daß er fest an der Vorderseite des Bleistiftes anliegt, und mit einem zweiten Gummiband am oberen Ende des Stiftes befestigt (5). Man kreuze den Senkel vor dem Halm (6) und denke daran, daß b unter a zu liegen kommt. Nun binde man beide Enden hinter den Bleistift und kreuze sie wieder (7). Dann werden sie ein letztes Mal vor dem Bleistift gekreuzt (8). In den Abbildungen sind die Windungen des Schnürsenkels längs des Bleistiftes der Deutlichkeit halber auseinandergezogen. In der Praxis können die Windungen eng aneinanderliegen, und zwar etwa in der Mitte des Bleistiftes. Man bitte nun den Zuschauer, den Bleistift fester zu halten,

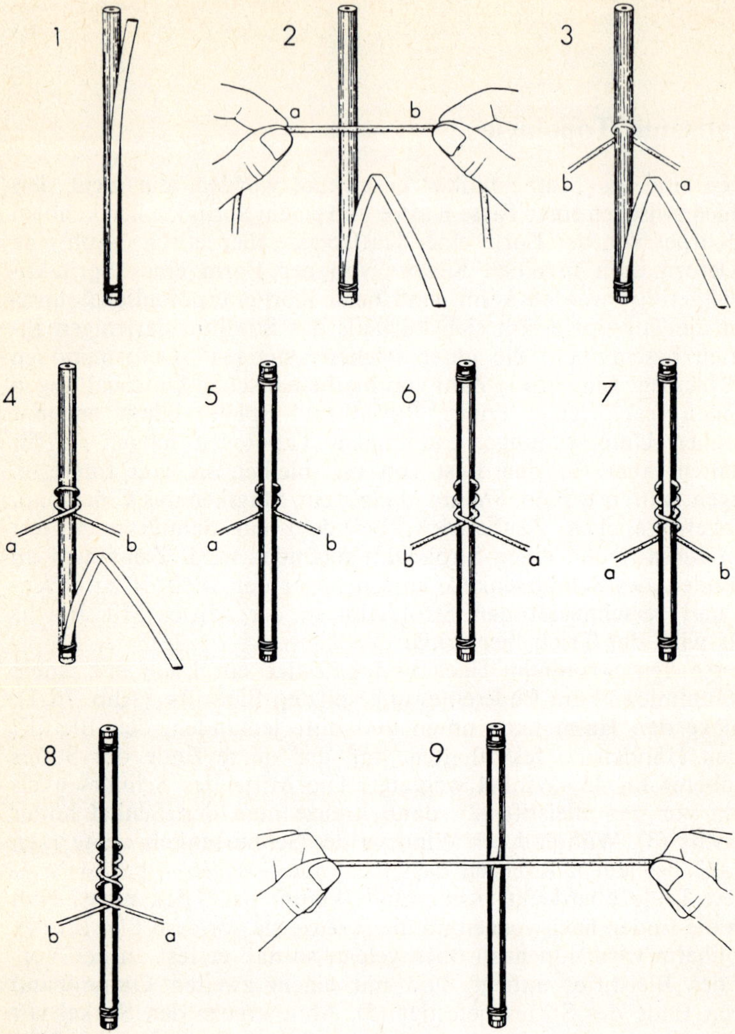

Abb. 76
Stewart Judahs Durchdringungstrick

während man die Enden durch leichtes Ziehen spannt. Dann zähle man bis drei und ziehe die Enden schnell kräftig auseinander. Die letzte Figur in Abb. 76 zeigt das erstaunliche Resultat. Der Schnürsenkel zieht sich in die Länge, scheint dabei direkt durch den Bleistift

zu gehen und zerschneidet den Strohhalm, welcher (wie man erklärt) zu schwach war, um der geheimnisvollen Kraft der Durchdringung zu widerstehen.
Eine genaue Untersuchung des Tricks offenbart eine einfache Erklärung. Da die Enden des Schnürsenkels sich um den Bleistift wie ein Paar spiegelbildlicher Schnecken winden, ist die geschlossene Kurve, die durch den Zauberer und den Senkel gebildet wird nicht mit der geschlossenen Kurve verbunden, die durch den Zuschauer und den Bleistift gebildet wird. Der Schnürsenkel zerschneidet den Strohhalm, der beide „Schnecken" festhält; als Ergebnis heben sich beide Schnecken gegenseitig auf, so wie etwa eine Materiepartikel durch eine Partikel aus Antimaterie neutralisiert wird.
Viele traditionellen Probleme sind topologischer Art. Tatsächlich hatte die Topologie ihren Ursprung im Jahre 1736 in *Leonhard Eulers* klassischer Untersuchung des Problems, einen Weg über die 7 Brücken von Königsberg zu finden, der jede Brücke genau einmal überquert. *Euler* zeigte, daß das Rätsel, mathematisch gesehen, identisch mit dem Problem war, ein gewisses geschlossenes Netz mit einer kontinuierlichen Linie zu überqueren, ohne dabei einen Teil des Netzes zweimal zu berühren. Probleme dieser Art finden sich häufig in Rätselbüchern. Bevor wir uns jedoch mit einem dieser Rätsel beschäftigen, überlege man sich, wieviele Knotenpunkte (Punkte, welche die Enden von Strecken sind) eine gerade Zahl von Linien besitzt, die zu ihnen führen und wieviele durch eine ungerade Zahl von Linien verbunden werden (Es gibt stets eine gerade Anzahl von „ungeraden" Knoten; vgl. „Neun Probleme", Problem 8). Sind alle Knotenpunkte „gerade", dann läßt sich eine Linie durch das Netzwerk führen, die irgendwo beginnt und am gleichen Punkt endet. Sind zwei Knoten „ungerade", dann läßt sich immer noch ein Pfad finden, aber nur wenn man an einem ungeraden Knotenpunkt beginnt und am anderen endet. Ist das Problem überhaupt lösbar, dann kann es auch durch eine Linie gelöst werden, die sich nicht selber überschneidet. Gibt es mehr als zwei ungerade Knoten, dann ist das Problem unlösbar. Solche Knotenpunkte müssen nämlich offenbar die Endpunkte der gesuchten Linie sein und jede kontinuierliche Linie hat entweder zwei oder keinen Endpunkt. Denkt man stets an diese Eulerschen Regeln, dann lassen sich Rätsel dieser Art leicht lösen. Fügt man jedoch noch einige Komplikationen hinzu, so ergeben sich aus solchen Rätseln oft erstklassige Probleme. Man betrachte zum Beispiel den Graph in Abb. 77. Alle seine Knotenpunkte sind gerade, mithin wissen wir, daß es einen Pfad gibt, dessen Beginn mit seinem Ende übereinstimmt. In diesem Falle ist es allerdings gestattet, in jeden Teil des Graphen beliebig oft zurückzukehren und man darf an jedem beliebigen Punkt beginnen und an jedem beliebigen Punkt enden. Das

Problem ist: Welches ist die Mindestzahl von Wendungen an Eckpunkten, um den Graph in einer kontinuierlichen Linie zu überqueren? Anhalten und eine Richtungsänderung um 180° wird natürlich ebenfalls als eine Wendung betrachtet.

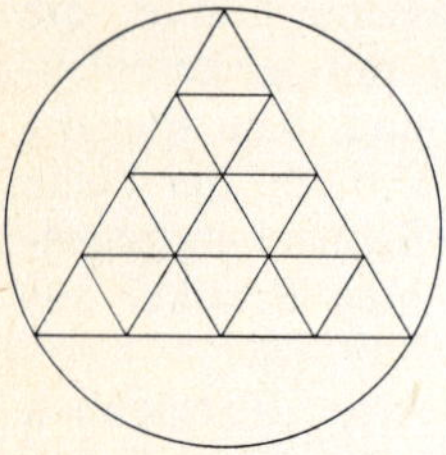

Abb. 77
Das Graphen-Problem

Mechanische Probleme, die sich mit Schlingen und Ringen beschäftigen, hängen oft eng mit der topologischen Knotentheorie zusammen. Meiner Meinung nach ist das beste dieser Probleme in Abb. 78 abge-

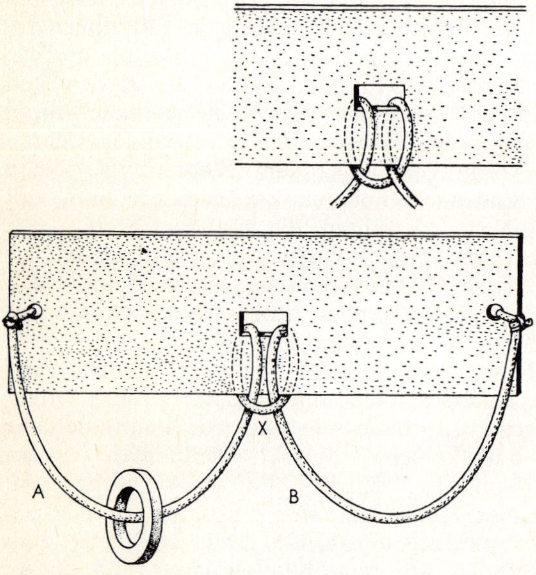

Abb. 78
Läßt sich der Ring auf die Schlinge B überführen?

bildet. Es läßt sich leicht mit einem Stück Pappe, einem Bindfaden und einem Ring, der zu groß ist, um in die mittlere Öffnung zu passen, herstellen. Je größer die Pappe und je schwerer das Seil ist, desto leichter

läßt sich das Problem meistern. Die Aufgabe besteht einfach darin, den Ring von der Schlinge A zur Schlinge B zu transportieren, ohne das Seil zu zerschneiden oder aufzuknüpfen.
Das Rätsel ist in vielen alten Büchern gewöhnlich in einer primitiveren Form beschrieben. Anstatt die Enden des Seiles an die Pappe zu knoten, so wie dies hier gezeigt ist, wird jedes Ende durch ein Loch geführt und an einer Kugel befestigt um ein Durchgleiten durch das Loch zu verhindern. Dies erlaubt noch eine unelegante Lösung, bei der die Schlinge x durch die 2 Endlöcher gezogen und über die Kugeln geführt wird. Das Problem läßt sich jedoch durch eine saubere Methode lösen, bei der die Enden überhaupt keine Rolle spielen. Interessanterweise hat das Problem keine Lösung, wenn das Seil so gelegt wird, daß die Schlinge x über und unter den anderen Schlingen hindurchführt, wie dies in Abb. 78 oben rechts gezeigt wird.
David Gale, ein Mathematikprofessor der Brown Universität, hat ein nettes Punktverbindungsspiel erfunden, von dem ich mir die Freiheit nehme, es Gale zu nennen. Auf den ersten Blick scheint es dem topologischen Spiel Hex (S. 33) zu ähneln. In Wirklichkeit hat es jedoch einen völlig anderen Charakter (siehe Abb. 79). Das Spielfeld

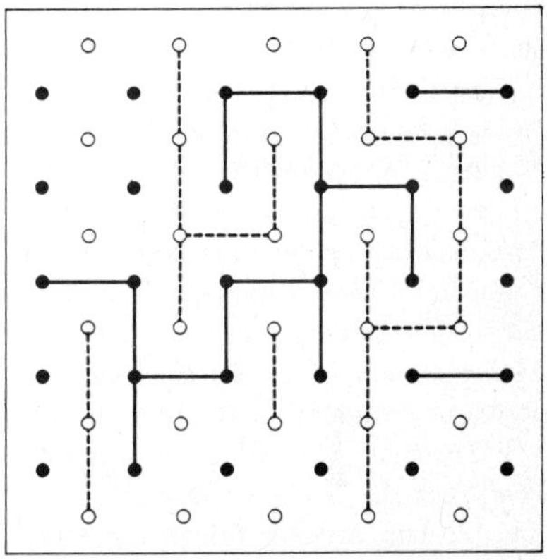

Abb. 79
Das topologische Spiel Gale

besteht aus senkrechten Reihen von schwarzen Punkten, die sich mit ähnlichen Reihen von bunten Punkten abwechseln (In der Abbildung sind die bunten Punkte als weiße Kreise und die bunten Linien gestrichelt gezeichnet). Spieler A benutzt einen schwarzen Bleistift. Ist er an der Reihe, so verbindet er zwei benachbarte schwarze Punkte entweder durch eine waagerechte, oder durch eine senkrechte Linie. Sein Ziel ist ein zusammenhängender Linienzug, welcher die linke und rechte Seite des Feldes verbindet. Spieler B verwendet einen farbigen Bleistift, um zwei benachbarte farbige Punkte zu verbinden. Sein Ziel ist ein zusammenhängender Streckenzug, der die obere und untere Seite des Feldes verbindet. Die Spieler machen abwechselnd jedesmal eine Linie und der Sieger ist derjenige, der zuerst eine kontinuierliche Linie zwischen seinen beiden Seiten hergestellt hat. Die Abbildung gibt ein Spiel wieder, in dem der Spieler mit dem farbigen Bleistift gewonnen hat.

Gale kann auf beliebig großen Felder gespielt werden, obwohl Felder, die kleiner als das hier abgebildete sind, zu leicht zu analysieren sind, um noch von Interesse zu sein, es sei denn, für Anfänger. Es läßt sich beweisen, daß auf jedem Feld der erste Spieler eine Gewinnstrategie hat; der Beweis ist derselbe wie beim Hex-Spiel. Leider gibt keiner der Beweise Aufschluß darüber, wie die Gewinnstrategie aussieht.

Im Jahre 1960 wurde das Gale-Spiel mit dem hier abgebildeten Spielfeld von den Hasenfield Brothers, Inc. (Central Falls, Rhode Island) unter dem Namen „Bridg-it" auf den Markt gebracht. Die Punkte auf dem Bridg-it-Brett ragen aus dem Brett hervor und gespielt wird mit kleinen Plastik-Brücken („bridges"), welche je zwei Punkte verbinden. Dies gestattet eine interessante Variation, welche in der Anleitung zu Bridg-it erklärt wird. Jeder Spieler erhält eine bestimmte Anzahl von Brücken, sagen wir 10. Hat keiner gewonnen, nachdem alle 20 Brücken gesetzt sind, so wird das Spiel fortgesetzt, indem man bei jedem Zug die Position einer Brücke ändert. 1951, sieben Jahre bevor *Gale* in meiner Zeitungsrubrik erwähnt wurde, konstruierte *Claude E. Shannon* (jetzt Professor für Mathematik am MIT) den ersten Gale-spielenden Roboter. *Shannon* nannte das Spiel damals „Vogelkäfig" (Birdcage). Seine Maschine spielt ein sehr gutes, wenn auch nicht perfektes Spiel auf Grund eines einfachen Rechenvorganges, der auf Analog-Rechnungen beruht, die mit Hilfe eines Widerstandsnetzes durchgeführt werden. 1958 wurde eine andere Gale-spielende Maschine von *W. A. Davidson* und *V. C. Lafferty*, zwei Ingenieuren an der Armour Research Foundation am Illinois Inst. of Technology, entworfen. Sie wußten nichts von *Shannons* Maschine, aber ihr Plan basiert auf dem gleichen Prinzip, das vorher von *Shannon* entdeckt wurde.

Das Prinzip arbeitet folgendermaßen: Ein Netz von Widerständen entspricht den Linien des Spieles, die einem der Spieler, sagen wir A, offenstehen (s. Abb. 80). Alle Widerstände haben dieselbe Ohmzahl. Zieht A eine Linie, so wird der Widerstand, der dieser Linie entspricht, geschlossen. Zieht B eine Linie, dann wird der Widerstand, der A's Linie entspricht, die durch B's Strecke geschnitten wird, geöffnet. Das gesamte Netz wird daher geschlossen (d. h. Widerstand ist Null), wenn A gewinnt, und der Strom wird völlig abgeschaltet (d. h. Widerstand ist Unendlich), wenn B gewinnt. Die Strategie der Maschine besteht also darin, den Widerstand an dem die größte Spannung anliegt, entweder zu öffnen oder zu schließen. Liegt an zwei oder mehr Widerständen dieselbe Spannung, dann wird einer ausgewählt.

Eigentlich baute *Shannon* im Jahre 1951 zwei „Vogelkäfige". In seinem ersten Modell waren die Widerstände kleine Glühbirnen und die Züge der Maschine wurden bestimmt, indem man beobachtete, welche Birne am hellsten war. Da es jedoch oft schwer war, zu entscheiden, welche von mehreren Birnen am hellsten brannte,

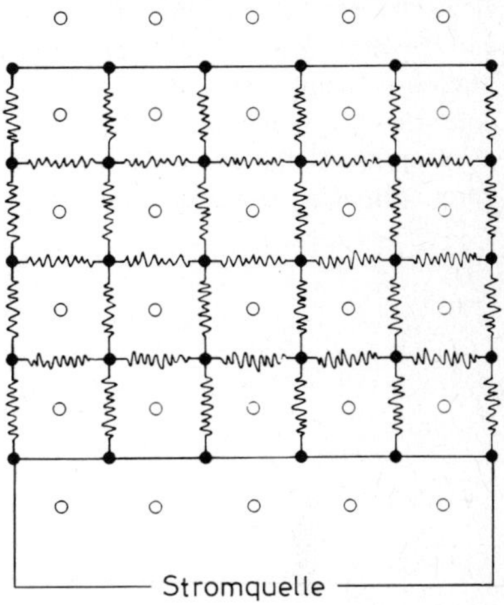

Abb. 80
Widerstandsschaltung eines Gale-spielenden Roboters

baute Shannon ein zweites Modell, in dem die Glühbirnen durch Neonlampen und durch ein Netz ersetzt wurden, welches immer nur eine Lampe brennen ließ. Ging eine Lampe an, dann hinderte ein Sperrkreis die anderen Lampen am Brennen. Die Züge wurden durch Schalter geregelt, welche zu Beginn des Spieles alle in Mittelstellung standen. Der eine Spieler machte seine Züge durch Schließen eines Schalters, der andere durch Öffnen eines Schalters.

Hat die Maschine den ersten Zug, dann gewinnt sie nach Shannons Information fast immer. Unter Hunderten von Spielen, verlor die Maschine nur zwei, wenn sie den ersten Zug hatte, und diese Verluste mögen sich auf Stromkreisfehler oder schlechtes Funktionieren zurückführen lassen.

Hat der menschliche Spieler den ersten Zug, dann ist es nicht schwer die Maschine zu besiegen, allerdings würde die Maschine doch gewinnen, wenn ein großer Fehler begangen wird.

Lösungen

Das Graphen-Problem läßt sich mit genau 13 Eckpunkt-Wendungen lösen. Man beginne am zweiten Knotenpunkt von links auf der Grundseite des großen Dreiecks. Dann nach rechts oben soweit wie möglich, dann nach links, dann nach rechts unten bis zur Grundseite, nach rechts oben, soweit nach links wie möglich, nach rechts unten, nach rechts bis zum Eckpunkt des großen Dreiecks, nach oben zur Spitze des großen Dreiecks, nach unten zum linken Eckpunkt des Dreiecks, einmal um den ganzen Kreis herum, nach rechts bis zum dritten Knoten auf der Grundseite des

Dreiecks, soweit wie möglich nach links oben, soweit nach rechts wie möglich, dann nach links unten zur Grundseite.

Das Seil- und Ring-Problem wird wie folgt gelöst: Man lockere die mittlere Schlinge so, daß der Ring unter ihr durchgesteckt werden kann. Dann halte man den Ring an der Vorderseite des Pappbrettes fest, während man die beiden Seile ergreift, die aus der mittleren Öffnung heraustreten. Diese beiden Seile ziehe man nach vorn. Man zieht dadurch eine Doppelschlinge mit aus dem Loch heraus. Der Ring wird unter dieser Schlinge hindurchgesteckt. Nun greife man hinter die Pappe und ziehe die Doppelschlinge durch das Loch bis zur Ausgangsstelle. Es bleibt nun nur noch übrig, den Ring unter der mittleren Schlinge hindurchzuschieben und das Rätsel ist gelöst.

Der Affe und die Kokosnüsse

In der Ausgabe der „Saturday Evening Post" vom 9. Okt. 1926 erschien eine Kurzgeschichte von *Ben Ames Williams* mit dem Titel „Kokosnüsse". Die Geschichte handelte von einem Bauunternehmer, der unbedingt einen Konkurrenten am Unterschreiben eines wichtigen Vertrages hindern wollte. Ein scharfsinniger Angestellter des Unternehmens, der die Leidenschaft des Konkurrenten für Unterhaltungsmathematik kannte, setzte ihm ein Problem vor, welches ihn so in Anspruch nahm, daß er über den Lösungsversuchen völlig vergaß, sein Angebot vor dem Schlußtermin abzugeben. Hier ist das Problem, so wie es der Angestellte in *Williams* Geschichte erzählte:
„Fünf Männer und ein Affe wurden durch einen Schiffbruch auf eine entlegene Insel verschlagen und sie verbrachten den ersten Tag damit, Kokosnüsse als Nahrung zu sammeln. Dann legten sie sich schlafen. Als jedoch alle schliefen, wachte ein Mann auf und überlegte sich, daß am anderen Morgen die Kokosnüsse doch verteilt werden würden, und so beschloß er, sich seinen Teil jetzt schon zu sichern. Er teilte also die Kokosnüsse in fünf gleiche Haufen. Eine Kokosnuß blieb übrig, und er gab sie dem Affen, sodann versteckte er seinen Anteil und legte die restlichen Kokosnüsse wieder zusammen.
Nach und nach wachte jeder der Männer auf und tat das gleiche. Jedesmal blieb eine Kokosnuß übrig, die der Affe erhielt. Und alle fünf Männer taten dasselbe, einer nach dem anderen; jeder nahm sich ein Fünftel der Kokosnüsse aus dem Haufen, wenn er erwachte, und jeder hatte eine Kokosnuß für den Affen übrig. Am anderen Morgen wurden die noch verbliebenen Kokosnüsse geteilt und es ergaben sich fünf gleiche Teile. Natürlich wußte jeder, daß Kokosnüsse fehlten; aber jeder war genauso schuldig wie die anderen, so daß keiner ein Wort sagte. Wieviele Kokosnüsse waren zu Beginn vorhanden?"
Williams unterließ es, die Antwort in der Geschichte zu erwähnen. Es wird gesagt, daß die Redaktion der „Saturday Evening Post" mit 2 000 Briefen in der ersten Woche nach der Herausgabe bombardiert wurde. *George Horace Loriner*, damaliger Chefredakteur sandte an *Williams* folgendes historisches Telegramm: „Um Gottes Willen, wieviele Kokosnüsse? Hier ist die Hölle los!"
Zwanzig Jahre lang erhielt *Williams* Briefe, welche nach der Antwort oder nach neuen Lösungswegen fragten. Heute ist das Problem der Kokosnüsse wahrscheinlich das am meisten bearbeitete und am wenigsten gelöste Problem aller diophantischen Probleme. (Der Ausdruck diophan-

tisch rührt von *Diophantus* von Alexandria her, einem griechischen Algebraiker, der sich als erster intensiv mit Gleichungen beschäftigte, deren Lösungen in rationalen Zahlen verlangt sind).

Williams erfand nicht das Kokosnuß-Problem. Er änderte lediglich ein viel älteres Problem ab, um es komplizierter zu gestalten. Die ältere Version ist ganz analog, außer daß am anderen Morgen bei der letzten Teilung wieder eine Kokosnuß für den Affen übrigbleibt; in *Williams* Version geht die letzte Teilung auf. Einige diophantische Gleichungen haben nur eine Lösung (z. B. $x^2+2 = y^3$); andere haben eine endliche Zahl von Lösungen; einige haben schließlich überhaupt keine Lösung (zum Beispiel $x^3+y^3 = z^3$). Sowohl *Williams* als auch die ältere Version haben unendlich viele Lösungen in ganzen Zahlen. Unsere Aufgabe ist es, die kleinste positive Lösung zu finden.

Die ältere Version läßt sich durch die folgenden sechs unbestimmten Gleichungen ausdrücken, welche die sechs aufeinanderfolgenden Teilungen der Kokosnüsse in Fünftel darstellen. N ist die ursprüngliche Zahl der Kokosnüsse, F die Zahl, die jeder der Männer bei der letzten Teilung erhält. Die Einsen auf der rechten Seite sind die an den Affen abgegebenen Kokosnüsse. Jeder Buchstabe steht für eine unbekannte positive ganze Zahl.

$$
\begin{aligned}
N &= 5\,A+1\\
4\,A &= 5\,B+1\\
4\,B &= 5\,C+1\\
4\,C &= 5\,D+1\\
4\,D &= 5\,E+1\\
4\,E &= 5\,F+1
\end{aligned}
$$

Es ist nicht schwer, diese Gleichungen durch bekannte algebraische Schritte auf die eine folgende diophantische Gleichung mit zwei Unbekannten zu bringen.

$$1024\,N = 15625\,F+11529$$

Diese Gleichung ist viel zu schwer, um sie durch Versuche zu lösen und obwohl es eine Standardmethode zur Lösung gibt, die auf dem Gebrauch von Kettenbrüchen beruht, ist die Methode doch zu langwierig und mühsam. Hier wollen wir uns nur mit einer unheimlich anmutenden, aber sehr schönen einfachen Lösung beschäftigen, die auch „negative" Kokosnüsse zuläßt. Diese Lösung wird manchmal dem Physiker *P.A.M. Dirac* von der Universität Cambridge zugesprochen, aber auf eine diesbezügliche Anfrage schrieb mir Professor *Dirac*, daß er die Lösung nur von *J. H. C. Whitehead*, Professor für Mathematik an der Universität Oxford (und Neffe des berühmten Philosophen) übernommen hatte. Professor *Whitehead* beantwortete eine ähnliche Anfrage dahin, daß er die Lösung ebenfalls von jemand anderem erhielt, und ich habe dann diese Angelegenheit nicht weiter verfolgt.

Derjenige, der als erster an negative Kokosnüsse dachte, mag etwa folgendermaßen geschlossen haben. Da N sechsmal in fünf Haufen aufgeteilt wird, ist es klar, daß 5^6 (oder 15625) zu jeder Lösung addiert und auch von ihr subtrahiert werden kann. Beim Subtrahieren der Vielfachen von 5^6 erhalten wir natürlich eine unendliche Zahl von negativen Lösungen. Diese erfüllen zwar die Gleichung, aber nicht das Problem, welches ja eine positive Lösung verlangt.

Offenbar existiert für N kein kleiner positiver Wert, welcher die Gleichung erfüllt, aber es mag eine einfache Lösung im negativen Zahlenbereich geben. Es bedarf nur einiger weniger Versuche, um die erstaunliche Tatsache zu entdecken, daß es tatsächlich eine solche einfache negative Lösung gibt: —4. Wir wollen sehen, wie genau alles aufgeht. Der erste Mann macht sich an den Haufen von —4 Kokosnüssen und gibt dem Affen eine positive Kokosnuß (es spielt keine Rolle, ob der Affe die Kokosnuß vor oder nach der Teilung in Fünftel erhält), so daß fünf negative Kokosnüsse übrigbleiben. Diese unterteilt er in fünf Haufen mit einer negativen Kokosnuß in jedem Haufen. Nachdem er einen Haufen für sich versteckt hat, bleiben -4 Kokosnüsse übrig – genau dieselbe Menge, die zu Beginn vorhanden war! Die anderen Männer machen nacheinander dieselbe geisterhafte Prozedur durch und der gesamte Vorgang endet damit, daß jeder Mann zwei negative Kokosnüsse besitzt, während der Affe, der am besten wegkommt, sich mit sechs positiven Kokosnüssen verzieht. Um die Lösung mit der kleinsten positiven Zahl zu finden, brauchen wir nur 15625 zu -4 zu addieren, um 15621 zu erhalten, welches die gesuchte Lösung darstellt. Dieser Lösungsgang erlaubt uns gleich eine allgemeine Lösung für n Männer, von denen sich jeder ein n-tel der Kokosnüsse bei jeder n-Teilung nimmt. Sind es vier Männer, dann beginnen wir mit drei negativen Kokosnüssen und addieren 4^5. Sind es sechs Männer, so addieren wir 6^7 zu 5 negativen Kokosnüssen u.s.w. für alle ganzen Zahlen n. In Formeln ausgedrückt ist die ursprüngliche Zahl von Kokosnüssen gleich $k\cdot(n^{n+1})-m\cdot(n-1)$, wobei n die Anzahl der Männer, m die Zahl der Kokosnüsse, die der Affe bei jeder Teilung erhält und k eine beliebige natürliche Zahl, ein sog. Parameter, sind. Ist $n=5$ und $m=1$, so erhalten wir die kleinste positive Lösung, indem wir $k=1$ setzen.

Leider läßt sich diese elegante Methode nicht auf *Williams* Version anwenden, wo der Affe keine Kokosnuß nach der endgültigen Teilung erhält. Ich überlasse es dem interessierten Leser, sich eine Lösung zu *Williams* Version auszuarbeiten. Natürlich läßt sich eine solche durch herkömmliche diophantische Lösungsmethoden erhalten, aber es geht viel schneller, wenn man sich die Informationen zu Nutze macht, die man bei der eben erklärten Version erhielt. Für diejenigen, die dies zu schwierig finden, habe ich hier ein sehr einfaches Kokosnuß-Problem, welches frei von allen diophantischen Schwierigkeiten ist. Drei Seeleute kommen zu einem Haufen von Kokosnüssen. Der erste Seemann nimmt sich die Hälfte und zusätzlich eine halbe Kokosnuß. Der zweite nimmt sich vom restlichen Haufen die Hälfte und auch eine halbe Kokosnuß. Der dritte nimmt sich ebenfalls vom noch vorhandenen Rest die Hälfte und eine halbe Kokosnuß. Übrig bleibt genau eine Kokosnuß, die der Affe erhält. Wieviele Kokosnüsse waren ursprünglich im Haufen? Rüstet man sich mit 20 Streichhölzern aus, so hat man genug Material, um das Problem durch Versuche zu lösen.

Wenn der Gebrauch von negativen Kokosnüssen bei der Lösung der älteren Version von *Ben Ames Williams* Problem nicht ganz einwandfrei erscheint, dann läßt sich doch dieselbe Methode anwenden, indem man fünf Kokosnüsse blau anmalt. *Norman Annings*, der sich jetzt von der mathematischen Fakultät der Universität von Michigan zurückzog, kam dieser farbenfreudige Einfall bereits im Jahre 1912, als er die Lösung (School Science und Mathematics, Juni 1912, Seite 520) eines Problems mit drei Männern und einem Vorrat von Äpfeln veröffentlichte. *Annings* Lösungsmethode läßt sich wie folgt auf das Kokosnuß-Problem anwenden:
Wir beginnen mit 5^6 Kokosnüssen. Dies ist nämlich die kleinste Zahl, die sich in fünf Teile teilen läßt, wobei ein Fünftel entfernt und der Prozeß sechsmal wiederholt wird, so daß keine Nuß an den Affen geht. Vier der 5^6 Kokosnüsse werden nun blau angemalt und beiseite gelegt. Werden nun die restlichen Kokosnüsse in Fünftel geteilt, so bleibt natürlich eine Nuß für den Affen übrig.
Nachdem der erste Mann sich seinen Anteil genommen und dem Affen eine Kokosnuß gegeben hat, legen wir die vier blauen Kokosnüsse zum verbleibenden Haufen zurück und erhalten so einen Haufen mit 5^5 Kokosnüssen. Diese Zahl ist offenbar durch 5 teilbar. Bevor wir jedoch die nächste Teilung durchführen, legen wir die 4 blauen Kokosnüsse wieder beiseite, so daß bei der anschließenden Teilung eine Kokosnuß für den Affen übrigbleibt.

Dieser Vorgang — die blauen Kokosnüsse nur so lang zu den Kokosnüssen zu legen, um zu sehen, daß diese Zahl von Kokosnüssen durch 5 teilbar ist, und sie dann wieder beiseite zu legen — wird bei jeder Teilung wiederholt. Nach der sechsten und letzten Teilung bleiben die vier blauen Kokosnüsse übrig, die niemandem gehören. Sie spielen bei dem gesamten Vorgang keine entscheidende Rolle, sondern dienen uns nur dazu, die Dinge klarer zu gestalten.

Diejenigen Leser, die daran interessiert sind, die Standardmethode der Kettenbrüche zur Lösung von diophantischen Gleichungen ersten Grades kennenzulernen, werden auf eine leicht verständliche Behandlung dieser Methode in *Helen Merrils* „Mathematical Excursions", einem 1957 neu aufgelegten Dover-Taschenbuch verwiesen. Die Kenntnis dieser Methode ist für Rätselrater sehr nützlich, da viele Probleme

auf solchen Gleichungstypen beruhen (siehe etwa „Neun weitere Probleme", Problem 8).
Es gibt noch viele andere Wege, das Kokosnußproblem zu lösen: *John M. Danskin* vom Institute for Advanced Study in Princeton, N. J., sowie mehrere andere Leser sandten einfallsreiche Lösungsmethoden, die ein Zahlensystem mit der Basis 5 verwenden. Sehr viele Leser schrieben mir andere ungewöhnliche Lösungswege, aber sie alle sind zu umfangreich, um an dieser Stelle erklärt zu werden.

Anmerkung der deutschen Ausgabe:
Herr Oberstudienrat Schuler aus Rottweil wies darauf hin, daß die auf Seite 114 stehende Gleichung

$$1024\,N = 15625\,F + 11529$$

ohne jeden Mystizismus sofort zur Lösung $N = -4$ führt, wenn man beachtet, daß

$$N = 15\,F + 11 + 265\,\frac{F+1}{1024}$$

ist und wenn $F = -1$ gesetzt wird.

Lösungen

Die Zahl der Kokosnüsse in *Ben Ames Williams* Version des Problems ist 3 121. Aus der Untersuchung der älteren Version wissen wir, daß 5^5—4 oder 3 121 die kleinste Zahl ist, welche 5 Teilungen der Kokosnüsse gestattet, wobei jedesmal eine Kokosnuß an den Affen geht. Nach allen fünf Teilungen bleiben 1 020 Kokosnüsse übrig. Diese Zahl ist gerade durch 5 teilbar, so daß die sechste Teilung aufgeht, bei der der Affe keine Kokosnuß erhält.
In dieser Version des Problems nimmt die allgemeine Lösung die Form zweier diophantischen Gleichungen an. Ist n, die Zahl der Männer, ungerade, dann lautet die Gleichung:
Zahl der Kokosnüsse $= (1+nk)n^n - (n-1)$
Ist n gerade:
Zahl der Kokosnüsse $= (n-1+nk)n^n - (n-1)$
In beiden Gleichungen ist k ein Parameter, der jede natürliche Zahl annehmen kann. In *Williams* Problem ist die Zahl der Männer 5, eine ungerade Zahl, so daß man bei Substitution von n durch 5 und von k durch 0 die kleinste positive Lösung erhält. Ein Brief von Dr. *J. Walter Wilson*, einem Hautarzt aus Los Angeles, berichtete mir von einem eigenartigen Zufall:

„Sehr geehrte Herren!
Ich las im Jahre 1926 Ben Ames Williams Geschichte mit dem Kokosnuß-Problem, verbrachte eine schlaflose Nacht mit erfolglosen Lösungsversuchen und erfuhr dann von einem Mathematikprofessor, wie man die diophantische Gleichung zu lösen hat, um 3 121 zu erhalten. 1939 bemerkte ich mit einem Male, daß das Haus in der West

80th Street in Inglewood, Kalifornien, in dem meine Familie und ich seit einigen Monaten lebten, die Hausnummer 3 121 hatte. Dies war der Anlaß, daß wir eines Abends alle unsere gebildeten Freunde durch eine Vielzahl von Spielen und Rätseln unterhielten, wobei diese Rätsel in verschiedenen Räumen gestellt wurden. Diese Räume wurden immer in Gruppen von vier Personen abwechselnd besucht.
Das Kokosnuß-Problem wurde in der Eingangshalle präsentiert, wobei der Tisch direkt unter der beleuchteten Hausnummer stand, welche die Lösung strahlend hell verkündete, aber niemand achtete darauf!"
Die Antwort des einfacheren Problems der drei Seeleute am Ende dieses Kapitels lautet: 15 Kokosnüsse. Wer versucht hat, die Lösung durch Halbieren von Streichhölzern zu erhalten, wird bemerkt haben, daß das Problem auf diese Weise nicht gelöst werden kann. Es sind nämlich gar keine Halbierungen von Kokosnüssen nötig, um die genannten Operationen durchzuführen.

Irrgärten

Als der junge *Theseus* das kretische Labyrinth von Knossos betrat, um den gefürchteten Minotaurus zu suchen, da wickelte er ein Seidenband ab, welches ihm von Ariadne gegeben worden war, damit er den Ausgang wiederfände. Architektonische Labyrinthe dieser Art — Gebäude mit verwirrenden Gängen, um den Uneingeweihten irrezuführen, waren in der Antike keine Seltenheit. *Herodot* beschreibt ein ägyptisches Labyrinth, welches 3 000 Kammern enthielt. Die Münzen von Knossos zeigten einen einfachen Irrgarten; kompliziertere Muster von Irrgärten waren auf den römischen Straßenpflastern und auf den Roben der römischen Kaiser zu sehen. Während des gesamten Mittelalters zeigten die Wände und Fußböden vieler europäischer Kathedralen ähnliche Muster als Dekoration.

In England war das berühmteste architektonische Labyrinth Rosamond's Bower. Angeblich wurde es im 12. Jahrhundert von König Heinrich II. in einem Park bei Woodstock gebaut, um seine Geliebte, Rosamund die Schöne, vor seiner Frau Eleonore von Aquitanien zu verstecken. Durch Verwendung eines Ariadne-Fadens, so heißt es weiter, fand Eleonore ihren Weg bis in die Mitte der Laube, wo sie die unglückliche Rosamunde zwang, einen Giftbecher zu trinken. Diese Geschichte inspirierte viele Schriftsteller — erwähnenswert sind *Joseph Addison*, der eine Oper darüber komponierte, und *Algernon Charles Swinburne*, dessen dramatisches Gedicht „Rosamunde" vielleicht die bewegendste literarische Version ist.

Eigenartigerweise wurde die Dekoration des Innern von Kathedralen mit Irrgarten-Mosaiken nur auf dem europäischen Kontinent, nicht jedoch in England verwendet. Es war aber ein englischer Brauch, Irrgärten in den Rasen vor der Kirche zu schneiden, welche dann in einem religiösen Ritus „durchquert" werden mußten. Diese „seltsamen Irrwege im üppigen Grün", wie Shakespeare sie nannte, gab es in England bis zum 18. Jahrhundert. Irrgärten aus hohen Hecken wurden in der späten Renaissance modern.

Englands bekanntester Hecken-Irrgarten, in dem auch heute noch verwirrte Touristen ihren Weg suchen, wurde 1690 für den Hampton Court Palast von Wilhelm von Oranien konstruiert. Ein Plan des Irrgartens, so wie er heute aussieht, ist in Abb. 81 wiedergegeben.

Der einzige bedeutungsvolle Hecken-Irrgarten der Vereinigten Staaten wurde zu Beginn des 19. Jahrhunderts von den Harmonisten, einer deutschen protestantischen Sekte, welche sich in Harmony, Indiana, niederließ, gebaut. (Die Stadt heißt jetzt New-Harmony; sie erhielt diesen Namen im Jahre 1826 von dem schottischen Sozialisten Robert Owen, der dort eine utopische Kolonie gründete). Das Labyrinth von Harmony symbolisiert ebenso wie die mittelalterlichen Kirchenlaby-

Abb. 81
Plan des Heckenirrgartens in *Hampton Court*

rinthe die schlangengleichen Windungen der Sünde und die Schwierigkeit, sich auf dem Weg des Guten zu halten. Das Labyrinth wurde 1941 erneuert. Leider ist uns kein Plan des ursprünglichen Labyrinthes überliefert, so daß der Irrgarten in einem völlig neuen Muster angelegt werden mußte.

Vom mathematischen Standpunkt aus, ist ein Irrgarten ein topologisches Problem. Malt man einen Irrgarten etwa auf ein dehnbares Gummituch, so ist der korrekte Pfad, der vom Anfang bis zum Ziel führt, eine topologische Invariante, welche sich auch bei Deformationen des Gummituches (Dehnen oder Zusammendrücken) nicht ändert; der Pfad bleibt immer korrekt. Man kann einen Irrgarten schnell lösen, indem man auf dem Papier alle Sackgassen schattiert, bis nur noch ein durchgehender Weg weiß bleibt. Sieht man sich jedoch, wie etwa Königin Eleonore, einem Irrgarten gegenüber, von dem man keinen Plan besitzt, so wird das Problem schon wesentlich schwieriger. Hat der Irrgarten genau einen Eingang und soll man den Weg zum einzigen Ausgang finden, so kann dieses Problem stets gelöst werden, indem man eine Hand immer an der rechten (oder linken) Wand während des ganzen Weges entlangführt. Man erreicht so garantiert den Ausgang, wenn auch der Weg im allgemeinen nicht der kürzeste sein wird. Diese Methode ist auch auf Labyrinthe anwendbar, bei denen das Ziel im Innern ist, vorausgesetzt, daß kein Weg vorhanden ist, der um das Ziel herum wieder zum Anfangspunkt führt. Ist das Ziel von ein oder mehreren solchen geschlossenen Wegen umgeben, so wird die oben angegebene Methode (Hand-an-der-Wand) einen um den größten geschlossenen Weg herum und wieder aus dem Irrgarten herausführen; man wird niemals zur „Insel" in der Mitte des Labyrinthes gelangen.

Irrgärten, die keine solchen geschlossenen Wege enthalten, so wie das

Labyrinth auf der linken Seite der Abb. 82 heißen in der Topologie „einfach zusammenhängend". Dies besagt also, daß das Labyrinth keine abgesonderten Wände enthält. Labyrinthe mit abgesonderten Wänden enthalten immer geschlossene Wege und heißen „mehrfach zusammenhängend" (ein Beispiel zeigt die rechte Illustration). Wendet

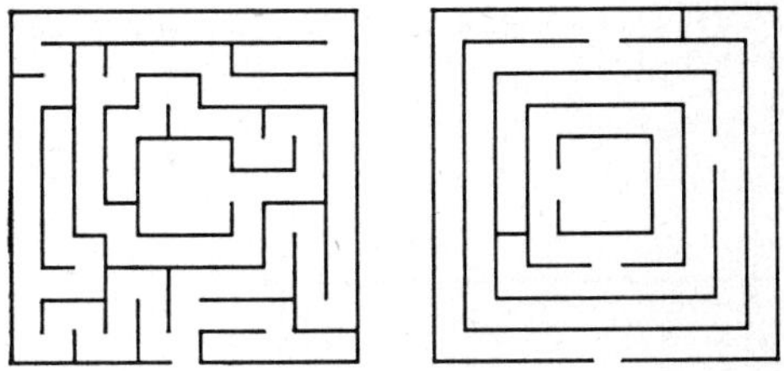

Abb. 82
Ein „einfach zusammenhängender" Irrgarten (links) und ein „mehrfach zusammenhängender" (rechts)

man die „Hand-an-der-Wand"-Methode bei einfach zusammenhängenden Irrgärten an, so wird man jeden Weg einmal in jeder Richtung durchqueren und so mit Gewißheit irgendwo auf dem Wege das Ziel erreichen. Der Hampton Court-Irrgarten ist mehrfach zusammenhängend, aber seine beiden geschlossenen Wege führen nicht um das Ziel herum. Die „Hand-an-der-Wand"-Methode führt einen in diesem Falle also auch zum Ziel und zurück, jedoch wird ein Gang völlig unberührt gelassen.

Gibt es eine mechanische Methode — einen Algorithmus, um mathematisch zu sprechen — der alle Irrgärtenprobleme, auch mehrfach zusammenhängende mit geschlossenen Wegen, die um das Ziel herumführen, löst? Es gibt eine, und die beste Beschreibung dieser Methode findet man bei *Edouard Lucas* [77], wo sie *M. Trémaux* zugeschrieben wird.

Beim Gang durch den Irrgarten zeichne man eine Linie auf eine Seite des Weges, sagen wir immer entlang der rechten Seite. Kommt man zu einer Wegverzweigung, so wähle man einen Weg aus. Sollte man beim Durchqueren eines neuen Weges auf eine schon früher passierte Wegverzweigung stoßen oder das Ende einer Sackgasse erreichen, so kehre man um und gehe denselben Weg zurück, den man gekommen ist. Gelangt man beim Durchqueren eines schon bekannten Weges (eines Weges also, der jetzt auf der linken Seite markiert ist) zu einer schon passierten Weggabelung, so schlage man irgendeinen neuen Weg ein, falls ein solcher vorhanden ist; im anderen Falle benutze man einen schon bekannten Weg. Man betrete ferner niemals einen Weg, der auf beiden Seiten markiert ist. Die rechte Illustration der Abb. 82 zeigt einen mehrfach zusammenhängenden Irrgarten, bei dem zwei geschlossene Wege die mittlere Zelle umgehen. Wendet der Leser hier

Trémauxs Algorithmus an, indem er etwa einen roten Bleistift zur Markierung benutzt, so wird er feststellen, daß die Methode tatsächlich in die Mittelzelle und wieder zurück zum Eingang führt, nachdem jeder Teil des Irrgartens zweimal (in jeder Richtung einmal) durchquert wurde. Es ist besser, wenn man mit der Markierung der Wege nach Erreichen des Zieles aufhört, man hat so automatisch den direkten Weg vom Eingang zum Ziel markiert. Man folge nämlich auf dem Rückweg einfach den einmal markierten Wegen.

Für Leser, die diese Markierungsmethode bei einem verwickelteren Labyrinth anwenden wollen, zeigt Abb. 83 den Plan eines mehrfach

Abb. 83
Ein Irrgarten im Garten von *W. W. Rouse Ball*

zusammenhängenden Irrgartens, den der englische Mathematiker *W. W. Rouse Ball* in seinem Garten gebaut hatte. Das Ziel ist der Punkt im Innern des Labyrinths.

Heutzutage sind Erwachsene nicht mehr an solchen Rätseln interessiert; es gibt aber zwei wissenschaftliche Gebiete, die sich sehr für Irrgärten interessieren: Psychologie und Kybernetik. Psychologen haben natürlich jahrzehntelang Irrgärten verwendet, um das Lernvermögen von Menschen und Tieren zu studieren. Sogar niedere Regenwürmer können gelehrt werden, einen Irrgarten von der Form einer Gabel zu bewältigen, und Ameisen machen sich mit Irrgärten bis zu 10 Punkten der Auswahl vertraut. Für Kybernetiker sind Maschinen, die einen Irrgarten untersuchen, Teil eines interessanten Programms, welches Maschinen baut, die wie Tiere aus ihren Erfahrungen lernen.

Eine der frühesten dieser malerischen Erfindungen ist „Theseus", die bekannte Irrgarten-lösende Robotermaus, die von *Claude E. Shannon* vom Massachusetts Institute of Technology erfunden wurde („Theseus" ist eine Verbesserung von *Shannons* früherem Irrgartenlösenden „Finger"). Die „Maus" sucht sich zuerst systematisch ihren Weg durch einen unbekannten Irrgarten, indem sie eine Variation von *Trémauxs* Algorithmus anwendet. Wenn die „Maus" eine Wegverzweigung erreicht, wo sie nach *Trémaux* wählen müßte, dann geschieht diese Wahl nicht ganz willkürlich, wie dies ein Mensch machen würde, sondern sie schlägt immer den nächsten Weg auf einer bestimmten Seite ein.

„Es ist schwierig, Maschinen auf Fehler zu untersuchen, die zufällige Elemente enthalten", so erklärte Shannon. „Man kann nur schwer feststellen, wann sich eine Maschine falsch benimmt, wenn man nicht vorhersagen kann, wie sie sich zu benehmen hätte."

Hat die „Maus" einmal ihren Weg zum Ziel gefunden, so ermöglichen Gedächtnis-Elemente es ihr, ein zweites Mal den Irrgarten ohne Fehler zu durchqueren. In bezug auf *Trémauxs* Methode besagt dies, daß die Maus alle doppelt durchquerten Wege vermeidet und nur Wege benutzt, die sie einmal durchquert hat. Dies garantiert nicht, daß sie den kürzesten Weg zum Ziel wählt, sondern nur, daß sie das Ziel erreicht, ohne Sackgassen zu berühren. Eine lebende Maus würde einen Irrgarten wesentlich langsamer kennenlernen, denn ihre Methode beruht hauptsächlich (wenn auch nicht völlig) auf planlosen und zufälligen Versuchen und es bedarf erst vieler Erfolge, bis sie den korrekten Weg im Gedächtnis hat.

Kürzlich wurden noch andere Irrgarten-Roboter gebaut. Der komplizierteste, der von *Jaroslav A. Deutsch* von der Universität in Oxford erfunden wurde, besitzt die Fähigkeit, seine Kenntnisse von einem Irrgarten auf einen beliebigen anderen, der zum ersten topologisch äquivalent ist, zu übertragen, auch wenn Längen und Formen der Wege geändert werden. *Deutschs* Irrgarten-Roboter macht sich auch einem Labyrinth zugefügte Abkürzungswege zu Nutze und vermag noch andere erstaunliche Dinge.

Diese Erfindungen stecken noch in den Kinderschuhen. Zukünftige selbständig lernende Maschinen werden vermutlich enorme Energien verbrauchen und eine unerwartete Rolle bei den automatischen Maschinen des Weltraumzeitalters spielen. Irrgärten und Weltraumflüge — diese Kombination führt uns zu dem am Anfang des Kapitels erwähnten griechischen Mythos zurück. Das Labyrinth des Minotaurus wurde für König Minos von keinem anderen als *Dädalus* gebaut, der ebenfalls mechanische Flügel erfand und dessen Sohn abstürzte, als er der Sonne zu nahe kam.

„Ein so erfinderisch ausgedachtes Labyrinth hat die Welt weder vorher noch nachher gesehen", schreibt *Nathaniel Hawthorne* in seinen „*Tanglewood Tales*" zu der Sage: „Nichts anderes kann so verschlungen sein, es sei denn das Hirn eines Mannes wie Dädalus, der es plante, oder das Herz eines gewöhnlichen Menschen...".

Unterhaltsame Logik

„Wie oft habe ich dir gesagt, daß das, was übrigbleibt, wenn du das Unmögliche ausgeschlossen hast, die Wahrheit sein muß, so unwahrscheinlich es auch erscheinen mag?"
Sherlock Holmes, The Sign of Four

Ein Rätsel, dessen Lösung nur deduktives Denken mit wenig oder überhaupt keiner Zahlenrechnerei voraussetzt, wird gewöhnlich als logisches Problem bezeichnet. Natürlich sind derartige logische Probleme mathematisch in dem Sinne, als man Logik als die allgemeinste grundlegende mathematische Disziplin betrachtet; trotzdem sollte man logische Probleme von der Vielfalt der numerischen Rätsel unterscheiden. Hier wollen wir uns mit drei verbreiteten Typen von unterhaltsamen logischen Problemen beschäftigen und untersuchen, wie man solche Probleme anzupacken hat.
Der am häufigsten auftretende Typ wird von Rätselexperten manchmal als „Smith-Jones-Robinson"-Problem bezeichnet, und zwar nach einem alten Problem, welches von dem Engländer *Henry Ernest Dudeney* [42] erfunden wurde. Das Problem besteht aus einer Reihe von Prämissen, im allgemeinen über Personen, aus denen man bestimmte Schlußfolgerungen ziehen soll. Eine neuere amerikanische Version von *Dudeneys* Problem lautet folgendermaßen:

1. Smith, Jones und Robinson sind Ingenieur, Bremser und Heizer eines Zuges, allerdings nicht unbedingt in der genannten Reihenfolge. Im Zuge befinden sich drei Reisende mit denselben drei Nachnamen; um sie von der Besatzung zu unterscheiden, erhalten sie im Folgenden ein „Herr" vor ihre Namen.
2. Herr Robinson wohnt in Los Angeles.
3. Der Bremser lebt in Omaha.
4. Herr Jones vergaß bereits vor langer Zeit seine mathematischen Schulkenntnisse
5. Der Reisende, der denselben Namen hat wie der Bremser, lebt in Chicago.
6. Der Bremser und einer der Passagiere, ein theoretischer Physiker, besuchen dieselbe Kirche.
7. Smith besiegte den Heizer beim Billard.

Wer ist der Ingenieur?
Es ist möglich, dieses Problem in die Sprache der symbolischen Logik zu übertragen und dann mit Hilfe von bekannten Methoden zu lösen,

aber dies ist viel zu umständlich. Andererseits ist es auch schwierig, die logische Struktur des Problems ohne eine bestimmte Schreibtechnik zu erkennen. Am besten ist eine Matrix mit leeren Feldern für alle möglichen Paare von Elementen aus jeder Menge. In diesem Falle haben wir es mit zwei Mengen zu tun, so daß wir zwei solche Matrizen benötigen (s. Abb. 84).

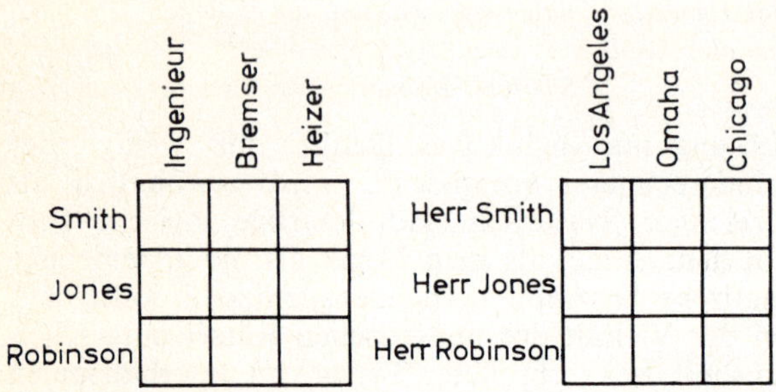

Abb. 84
Zwei Matrizen für das „*Smith-Jones-Robinson*"-Problem

Jede Zelle wird mit einer „1" markiert, wenn die Kombination gültig ist und mit einer „0", wenn die Kombination durch die Prämissen verboten ist. Wir wollen sehen, wie dies aussieht. Prämisse 7 eliminiert offenbar die Möglichkeit, daß Smith der Heizer ist, so daß wir eine „0" in die obere rechte Zelle der linken Matrix setzen. Prämisse 2 sagt uns, daß Herr Robinson in Los Angeles lebt, also setzen wir eine „1" in die unterste linke Zelle der rechten Matrix und „0'en" in die anderen Felder derselben Zeile und derselben Spalte, um anzudeuten, daß Herr Robinson nicht in Omaha oder Chicago und daß Herr Smith und Herr Jones nicht in Los Angeles leben.

Nun müssen wir ein wenig nachdenken. Die Prämissen 3 und 6 informieren uns darüber, daß der Physiker in Omaha lebt. Wie ist aber sein Name? Er kann weder Herr Robinson noch Herr Jones sein (der seine Schulalgebra vergessen hat), also muß er Herr Smith heißen. Dies deuten wir durch eine „1" im Mittelfeld der obersten Zeile der rechten Matrix an und setzen Nullen in die übrigen Felder derselben Zeile und Spalte. Es bleibt in der Matrix nur noch eine Zelle für die dritte „1" frei, welche besagt, daß Herr Jones in Chicago lebt. Prämisse 5 erlaubt uns nun, den Bremser als Jones zu identifizieren, so daß wir eine „1" in das Mittelfeld der linken Matrix und Nullen in die anderen Felder der gleichen Zeile und Spalte setzen. Das Aussehen der Matrizen an diesem Punkt wird durch Abb. 85 dargestellt.

Die restlichen Schlußfolgerungen sind einfach. Nur das unterste Feld der Spalte für den Heizer bietet Platz für eine „1". Die Folge ist eine

„0" in der unteren linken Ecke, so daß nur noch die oberste linke Ecke für eine „1" frei bleibt, woraus folgt, daß Smith der Ingenieur sein muß.

Lewis Carroll hatte eine Vorliebe dafür, seltsame und äußerst verwikkelte Probleme dieser Art zu erfinden. Acht Probleme finden sich im Anhang zu seinem Buch „*Symbolic Logic*" [83]. Ein Monsterproblem

	Ingenieur	Bremser	Heizer
Smith		0	0
Jones	0	1	0
Robinson		0	

	Los Angeles	Omaha	Chicago
Herr Smith	0	1	0
Herr Jones	0	0	1
Herr Robinson	1	0	0

Abb. 85
Anwendung der Matrizen

von *Carroll* (welches 13 Variable und 12 Prämissen enthält, aus denen man den Schluß zieht, daß kein Friedensrichter Schnupftabak benutzt) wurde einem IBM 704-Elektronenrechner von *John G. Kemeny*, dem Dekan der mathematischen Fakultät am Dartmouth College, eingegeben. Die Maschine löste das Problem in etwa vier Minuten, während eine vollständige Anfertigung einer Wahrheitswerttabelle für das Problem (einer Matrix, die die Gültigkeit oder Ungültigkeit aller möglichen Kombinationen von wahren (1) oder falschen (0) Werten der Variablen enthält) 13 Stunden in Anspruch genommen hätte!

Für Leser, die gerne ihr Glück an einem komplizierteren Smith-Jones-Robinson-Problem, welches von *Raymond Smullyan* von der mathematischen Fakultät der Princeton Universität erfunden wurde, versuchen wollen, ist das Folgende gedacht:

1. Im Jahre 1918, am Tage als der Waffenstillstand nach dem ersten Weltkrieg unterzeichnet wurde, feierten drei Ehepaare, indem sie zusammen dinierten.
2. Jeder Ehemann ist der Bruder einer der Ehefrauen und jede Ehefrau ist die Schwester eines der Ehemänner; in der Gruppe sind also drei Bruder-Schwester-Paare.
3. Helen ist genau 26 Wochen älter als ihr Gatte, der im August geboren wurde.
4. Herrn Whites Schwester ist mit Helens Bruders Schwager verheiratet.

Sie (Herrn Whites Schwester) heiratete ihn an ihrem Geburtstag, der im Januar ist.

5. Marguerite White ist nicht so groß wie William Black.
6. Arthurs Schwester ist hübscher als Beatrice.
7. John ist 50 Jahre alt.

Welches ist Frau Browns Vorname?

Ein weiterer bekannter Typ von logischen Rätseln kann als „Hutfarben-Typ" nach dem folgenden bekanntesten Beispiel bezeichnet werden. Drei Männern — A, B und C — werden die Augen verbunden und es wird ihnen erklärt, daß jeder von ihnen einen roten oder einen grünen Hut aufgesetzt bekommt. Danach werden ihnen die Augenbinden abgenommen. Die Männer sollen die Hand heben, wenn sie einen roten Hut sehen und den Raum verlassen, wenn sie sich der Farbe ihres eigenen Hutes, den sie nicht sehen können, sicher sind. Alle drei Hüte sind nun rot, so daß alle drei Männer die Hand heben. Es vergehen einige Minuten, bis C, der intelligenter als die beiden anderen ist, den Raum verläßt. Wie konnte er die Farbe seines Hutes ermitteln?

C fragt sich selbst: Kann mein Hut grün sein? Wäre dies der Fall, dann würde A sofort wissen, daß sein Hut rot ist, denn nur ein roter Hut auf seinem Kopf hätte zur Folge, daß B seine Hand hebt. A würde daher den Raum verlassen. Dementsprechend würde B folgern und ebenfalls den Raum verlassen. Da keiner der beiden geht, schließt C, daß sein Hut rot sein muß.

Wie *George Gamow* und *Marvin Stern* in ihrem reizenden Büchlein „Puzzle-Math" bemerken, kann das genannte Problem auf eine beliebige Zahl von Männern, die alle rote Hüte erhalten, verallgemeinert werden. Angenommen, es ist ein vierter Mann D vorhanden, der noch klüger als C ist. Er kommt zu dem Schluß, daß im Falle, daß sein Hut grün ist, A, B und C in genau derselben Situation wären, wie eben beschrieben. Nach mehreren Minuten wird das klügste Mitglied des Trios (so folgert D) den Raum verlassen. Vergehen jedoch etwa fünf Minuten, ohne daß jemand geht, dann kann D daraus folgern, daß sein Hut rot sein muß. Existiert noch ein fünfter Mann, der klüger als D ist, dann wird er nach einem Zeitintervall von vielleicht zehn Minuten zu dem Schluß kommen, daß sein Hut rot ist. Schwache Punkte bei diesem Problem sind natürlich die verschiedenen Intelligenzgrade und die vagen Annahmen über die verschiedenen Zeitintervalle. Weniger mehrdeutig sind andere Hutfarben-Probleme, so das folgende, welches ebenfalls von Smullyan erfunden wurde. Drei Männer — A, B und C — sind „perfekte Logiker", die sofort Schlußfolgerungen aus einer gegebenen Anzahl von Prämissen ziehen können. Vier rote und vier grüne Briefmarken sind vorhanden. Den Männern werden die Augen verbunden und jedem werden zwei Marken auf die Stirn geklebt.

Danach werden die Binden entfernt. A, B und C werden nun nacheinander gefragt: „Kennst du die Farbe deiner Marken?" Jeder antwortet: „Nein". Dieselbe Frage wird dann noch einmal A vorgelegt, der mit „nein" antwortet. B wird daraufhin auch noch einmal gefragt und seine Antwort ist „ja". Welches sind die Farben der Marken auf B's Stirn?
Eine dritte Klasse von bekannten logischen Problemen beschäftigt sich mit Wahrheiten und Lügen. Das klassische Beispiel handelt von einem Forscher in einem Land, welches von zwei Stämmen bewohnt wird; die Mitglieder des einen Stammes lügen ständig, die Mitglieder des anderen sagen immer die Wahrheit. Der Forscher trifft zwei Eingeborene. „Sagst du die Wahrheit?" fragt er den größeren der beiden. „Goom", antwortet dieser. „Er sagt ‚ja'", erklärt der kleinere Eingeborene, der Englisch spricht, „aber er großer Lügner". Welchem Stamm gehörte jeder an?
Das Problem ließe sich systematisch so anpacken, daß man alle vier Möglichkeiten —WW, WL, LW, LL— aufschreibt und dann diejenigen Paare entfernt, die im Widerspruch zu den Prämissen stehen. Eine schnellere Lösung wird jedoch erreicht, wenn man sich überlegt, daß der große Eingeborene immer „ja" antworten muß, ganz unabhängig davon, ob er lügt oder die Wahrheit spricht. Da der kleinere also die Wahrheit sagte, muß sein größerer Begleiter ein Lügner sein.
Das verwickeltste Problem dieser Art, welches durch Wahrscheinlichkeitsfaktoren und Wortbedeutungsunklarheiten kompliziert wurde, veröffentlichte der britische Astronom *Sir Arthur Eddington* in der Mitte des sechsten Kapitels seines Buches „New Pathways in Science". „Wenn jede der vier Personen A, B, C und D bei drei Aussagen einmal die Wahrheit sagt (unabhängig voneinander) und wenn A behauptet, daß B leugnet, daß C erklärt, daß D ein Lügner ist, wie groß ist dann die Wahrscheinlichkeit dafür, daß D die Wahrheit gesprochen hat?"
Eddingtons Lösung von $^{25}/_{71}$ rief Proteststürme seitens seiner Leser hervor, die rasch einen drolligen und beschämenden Streit entfesselten, der nie endgültig entschieden wurde. Der britische Astronom *Herbert Dingle*, der *Eddingtons* Buch in der Zeitschrift „Nature" (23. März 1935) besprach, wies das Problem als sinnlos und typisch für *Eddingtons* wirre Vorstellung von Wahrscheinlichkeitsrechnung ab. *Theodore Sterne*, ein amerikanischer Physiker erwiderte (Nature, 29. Juni 1935), daß das Problem zwar nicht sinnlos sei, dafür aber nicht genügend Informationen zur eindeutigen Lösung enthalte.
Dingle antwortete hierauf (Nature 14. September 1935), daß, wenn man *Sternes* Behauptung gelten ließe, doch genügend Daten vorhanden seien, um als Lösung genau $^{1}/_{3}$ zu erhalten. Hier schaltete sich *Eddington* wieder in den Streit mit ein, indem er einen Artikel mit dem Titel „Das Problem von A, B, C und D" (The Mathematical Gazette, Oktober

1935) veröffentlichte, in welchem er genau seinen Lösungsweg erklärte. Der Streit endete mit zwei Artikeln im selben Magazin (The Mathematical Gazette, Dezember 1936), deren einer *Eddington* verteidigte und deren anderer eine Stellung einnahm, die von allen vorhergehenden abwich.

Die Schwierigkeit liegt hauptsächlich darin, genau zu entscheiden, wie man *Eddingtons* Formulierung des Problems zu interpretieren hat. Wenn B bei seinem Leugnen die Wahrheit spricht, sind wir dann berechtigt, anzunehmen, daß C sagte, daß D die Wahrheit sprach? *Eddington* ist nicht dieser Auffassung. Wenn ferner A lügt, können wir dann sicher sein, daß B und C überhaupt etwas sagten? Glücklicherweise können wir diese Interpretationsschwierigkeiten umgehen, indem wir (was *Eddington* nicht tat) die folgenden zusätzlichen Voraussetzungen machen:

1. Alle vier Männer machen Aussagen.
2. A, B und C machen jeder eine Aussage, die entweder die darauf folgende Aussage anerkennt oder ableugnet.
3. Eine gelogene Anerkennung ist als Leugnen und ein gelogenes Leugnen als Anerkennung zu werten.

Die Männer lügen ganz wahllos, und zwar sind von drei Aussagen durchschnittlich zwei gelogen. Wenn wir die wahren Aussagen der Männer mit W und ihre beiden Lügen mit L1 und L2 bezeichnen, dann können wir eine Tabelle mit 81 verschiedenen Kombinationen von W's und L's herstellen. Dann müssen wir entscheiden, welche dieser Kombinationen durch die logische Struktur der Aussage nicht möglich sind. Die Zahl der möglichen Kombinationen, die mit W enden (die also mit einer wahren Aussage von D enden) dividiert durch alle möglichen Kombinationen ergibt dann die gesuchte Antwort.

Als ich das Problem mit dem Forscher und den Eingeborenen gab, hätte ich deutlicher machen sollen, daß der Forscher das Wort „Goom" als ein Wort der Eingeborenen erkannte, welches entweder ja oder nein bedeutete, von dem er aber nicht mehr wußte, für welches der beiden Wörter es benutzt wird. Dies hätte ein Reihe von Briefen verhindert, von denen der folgende von *John A. Jonelis* aus Indianapolis ein Beispiel ist:

„Sehr geehrte Herren!

Ich fand viel Freude an dem Artikel über logische Probleme... Um diese Freude mit meiner Frau zu teilen, und vielleicht auch um mein männliches Ich in den Vordergrund zu stellen, quälte ich sie mit dem Problem über die wahrheitsliebenden und lügenden Stämme. Innerhalb von zwei Minuten hatte sie jedoch eine vollständig logische Antwort, die im völligen Gegensatz zu Ihrer veröffentlichten stand.

Der größere Eingeborene kann offenbar nicht englisch verstehen, andernfalls wäre er imstande, ja oder nein auf englisch zu antworten. Sein „Goom" hatte daher etwa die Bedeutung von „Ich verstehe sie nicht" oder „Willkommen in Bongo-Bongo-Land".

Infolgedessen muß der kleinere Eingeborene gelogen haben, als er sagte, daß sein Begleiter „ja" geantwortet hätte, und da er ein Lügner war, log er ebenfalls, als er seinen Begleiter einen Lügner nannte. Der große Eingeborene ist daher einer, der die Wahrheit spricht.
Diese weibliche Logik versetzte meinem männlichen Ich einen empfindlichen Schlag. Greift er auch das Ihrige ein wenig an?"

Lösungen

Das erste logische Problem wird am besten mit Hilfe von drei Matrizen gelöst: eine für Kombinationen von Vor- und Nachnamen der Frauen, eine für die Vor- und Nachnamen der Männer und die letzte für geschwisterliche Beziehungen. Da Frau Whites erster Name Marguerite ist (Prämisse 5), bleiben nur zwei Möglichkeiten für die Namen der beiden anderen Frauen übrig: 1. Helen Black und Beatrice Brown oder 2. Helen Brown und Beatrice Black.
Wir wollen die zweite Möglichkeit annehmen. Whites Schwester muß entweder Helen oder Beatrice sein. Es kann jedoch nicht Beatrice sein, da Helens Bruder dann Black wäre; Blacks Schwager wären dann White (der Bruder seiner Frau) und Brown (der Mann seiner Schwester); aber Beatrice Black ist mit keinem von beiden verheiratet, was der Prämisse 4 widerspricht. Whites Schwester muß deshalb Helen sein. Hieraus können wir wiederum folgern, daß Browns Schwester Beatrice und Blacks Schwester Marguerite ist.
Prämisse 6 führt zu dem Schluß, daß Whites Vorname Arthur ist (Arthur Brown ist unmöglich, da dann Beatrice hübscher als sie selbst wäre, und Arthur Black steht im Widerspruch zur Prämisse 5, die besagt, daß Blacks Vorname William ist). Browns Vorname muß daher John sein. Unglücklicherweise informiert uns Prämisse 7, daß John im Jahre 1868 (50 Jahre vor dem Waffenstillstand) geboren wurde, das ein Schaltjahr war. Hierdurch wäre Helen 26 Wochen und einen Tag älter als ihr Mann, im Gegensatz zur Prämisse 3. (Prämisse 4 sagt uns, daß ihr Geburtstag im Januar ist, und Prämisse 3 liefert uns die Information, daß ihr Mann im August geboren wurde. Sie kann aber nur genau 26 Wochen älter als er sein, wenn ihr Geburtstag am 31. Januar und seiner am 1. August ist, und wenn das Jahr keinen 29. Februar hat!) Dies eliminiert die zweite der beiden Möglichkeiten, die wir zu Beginn angenommen hatten, so daß wir zu der Schlußfolgerung kommen, daß die Namen der Frauen Marguerite White, Helen Black und Beatrice Brown sein müssen. Es entstehen keine Widersprüche, da wir nicht das Geburtsjahr von Black kennen. Die Prämissen erlauben es uns, zu schließen, daß Marguerite Browns Schwester, Beatrice Blacks Schwester und Helen Whites Schwester ist, jedoch geben sie keine Auskunft über die Vornamen von White und Brown.
Bei dem Problem mit den Briefmarken auf der Stirn gibt es für B drei Möglichkeiten: 1. rot-rot, 2. grün-grün und 3. rot-grün. Wir wollen annehmen, sie seien rot-rot. Nachdem alle drei Männer einmal geantwortet haben, schließt A folgendermaßen: „Ich kann nicht rot-rot haben (denn dann würde C vier rote Marken sehen und sofort wissen, daß er zwei grüne Marken auf der Stirn hätte und wenn C zwei grüne

hätte, dann würde B vier grüne sehen und wissen, daß er rot-rot hat). Ich muß daher rot-grün haben".

Als jedoch A zum zweiten Male gefragt wurde, kannte er nicht die Farbe seiner Marken. Hieraus kann B schließen, daß seine Marken nicht rot-rot sein können. Durch den analogen Denkakt scheidet auch die Möglichkeit aus, daß seine Marken grün-grün sind. Es bleibt also nur die dritte Möglichkeit für seine Marken übrig: rot-grün.

Ein dutzend Leser waren schnell dabei, einen Lösungsweg anzubieten, der sich nicht mit der Untersuchung der Fragen und Antworten abgibt! *Brockway McMillan* aus Summit, New Jersey drückte dies folgendermaßen aus:

„Das Problem ist völlig symmetrisch, was rote und grüne Marken angeht. Infolgedessen muß jede Verteilung der Marken auf den Stirnen, welche die genannten Bedingungen erfüllt, bei Vertauschung von rot und grün ebenfalls zu einer Verteilung werden, die die Bedingungen erfüllt. Wenn also die Lösung eindeutig ist, dann muß sie bei Vertauschung von rot und grün invariant bleiben. Die einzige derartige Lösung ist die, daß B eine rote und eine grüne Marke hat".

Wie *Wallace Manheimer*, Dekan der mathematischen Fakultät einer Oberschule in Brooklyn, sich ausdrückte, basiert dieser Abkürzungsweg nicht darauf, daß A, B und C perfekte Logiker sind, wie es im Problem vorausgesetzt wird, sondern auf der Tatsache, daß Raymond Smullyan einer ist! Bei der Lösung von *Eddingtons* Problem mit den vier Männern, ist die Wahrscheinlichkeit dafür, daß D die Wahrheit sagt, 13/41. Alle Kombinationen von Wahrheit und Lügen, die aus einer ungeraden Zahl von Wahrheiten oder Lügen bestehen, erweisen sich als widerspruchsvoll mit *Eddingtons* Aussage. Hierdurch werden aus der Tabelle mit den 81 möglichen Kombinationen alle bis auf 41 eliminiert, von denen wiederum 13 mit einer wahren Aussage von D enden. Da auch jeder der drei anderen Männer die Wahrheit in genau derselben Anzahl von gültigen Kombinationen sagt, ist die Wahrscheinlichkeit, daß sie die Wahrheit gesagt haben, für alle vier Männer gleichgroß.

Mit Hilfe des logischen Symbols für Äquivalenz ($\equiv$), welches besagt, daß die durch das Symbol verbundenen Aussagen entweder beide wahr oder beide falsch sind, und mit Hilfe des Symbols der Verneinung ($\sim$) können wir *Eddingtons* Problem im Aussagenkalkül der symbolischen Logik folgendermaßen schreiben:

$$A \equiv [B \equiv \sim(C \equiv \sim D)]$$

Dies läßt sich vereinfachen zu:

$$A \equiv [B \equiv (C \equiv D)]$$

Eine Wahrheitswerttabelle für diesen Ausdruck wird die Resultate der obigen Untersuchung bestätigen.

Neun weitere Probleme

1. Durchquerung der Wüste

Ein unbegrenzter Vorrat von Treibstoff befindet sich an einem Rande einer 800 km breiten Wüste, innerhalb derer keine Treibstoffquelle ist. Ein Lastwagen kann genug Treibstoff mit sich führen, um 500 km zurückzulegen (dies nennen wir eine „Ladung") und er kann auch an jedem Punkt der Wüste eine eigene Tankstelle aufbauen. Die Treibstoffmenge in diesen Tankstellen soll beliebig groß sein und es wird vorausgesetzt, daß kein Treibstoff durch Verdunsten verloren geht.
Welches ist die Mindestmenge (in Ladungen) von Treibstoff, die der Lastwagen benötigt, um die Wüste zu durchqueren? Sind der Breite der Wüste, die der Lastwagen durchqueren kann, Grenzen gesetzt?

2. Die beiden Kinder

Mr. Smith hat zwei Kinder. Wenigstens eines von ihnen ist ein Junge. Wie groß ist die Wahrscheinlichkeit, daß beide Kinder Jungen sind? Mr. Jones hat ebenfalls zwei Kinder. Das ältere Kind ist ein Mädchen. Wie groß ist die Wahrscheinlichkeit, daß beide Kinder Mädchen sind?

3. Lord Dunsanys Schachproblem

Bewunderern des irischen Schriftstellers Lord *Dunsany* brauche ich nicht zu sagen, daß er in das Schachspiel vernarrt war. (Gewiß ist seine

Abb. 86
Lord Dunsanys Schachproblem

Geschichte „The Three Sailors' Gambit" die lustigste Schachphantasie, die jemals geschrieben wurde). Nicht so allgemein bekannt ist vielleicht, daß er sehr gerne bizarre Schachprobleme erfand, die wie seine Romane Humor und Phantasie vereinigten.

Das in Abb. 86 dargestellte Problem war ein Beitrag von *Dunsany* zu dem „The Weekend Problems Book", welches von *Hubert Philips* zusammengestellt wurde. Die Lösung erfordert mehr logisches Denken als Schachkenntnisse, obwohl man natürlich die Regeln des Spieles kennen muß. Weiß spielt und setzt in vier Zügen matt. Die Stellung könnte auch beim wirklichen Spiel eintreten.

4. Der Professor auf der Rolltreppe

Als Professor *Stanislaw Slapenarski*, ein polnischer Mathematiker, sehr langsam auf einer sich abwärts bewegenden Rolltreppe herunter ging, da erreichte er das untere Ende der Treppe nach 50 Stufen. Interessehalber rannte er dieselbe Rolltreppe aufwärts, wobei er immer eine Stufe auf einmal nahm, und kam oben nach 125 Stufen an.

Vorausgesetzt, daß der Professor fünfmal so schnell aufwärts wie abwärts ging (d.h. fünf Stufen in derselben Zeit nahm, in der er vorher eine Stufe genommen hatte) und daß er sich bei beiden Fahrten mit konstanter Geschwindigkeit bewegte, wieviele Stufen wären sichtbar, wenn die Rolltreppe stehenbleiben würde?

5. Die einsame Acht

„Das populärste Problem, welches jemals in ‚The American Mathematical Monthly' veröffentlicht wurde", so schrieben kürzlich die Herausgeber, ist das Folgende. Es war ein Beitrag von *P. L. Chessin* von der Westinghouse Electric Corporation zur Ausgabe vom April 1954.

„Unser guter Freund, der hervorragende Numerologe[1] Professor Euclide Paracelso Bombasto Umbugio, war eifrig damit beschäftigt, mit seiner Tischrechenmaschine die $81 \cdot 10^9$ möglichen Lösungen eines Problems zu untersuchen, welches darin besteht, die folgende aufgehende längere Division zu rekonstruieren, wobei die Ziffern unterschiedslos durch ein X ersetzt wurden, außer im Quotienten, wo sie fast ganz weggelassen wurden:

[1] Im Amerikanischen werden als Numerologen Personen bezeichnet, die sich eingehend mit Zahlenspielereien beschäftigen. (Anm. d. Übers.)

```
XXXXXXXX:XXX = ..8..
XXX
---
  XXXX
   XXX
  ----
    XXXX
    XXXX
    ----
```

Nehmt dem Professor den Atem! Das heißt, reduziert die Möglichkeiten auf $(81 \cdot 10^9)^0$”.
Da jede Zahl zur nullten Potenz gerade Eins ergibt, besteht die Aufgabe des Lesers darin, die eindeutige Rekonstruktion dieser Division zu finden. Die 8 befindet sich in ihrer richtigen Position an dritter Stelle einer fünfstelligen Lösung. Das Problem ist einfacher, als es erscheinen mag und erfordert nur einige elementare Überlegungen.

6. Teilt den Kuchen

Es gibt eine einfache Methode, nach der zwei Menschen einen Kuchen so teilen können, daß jeder überzeugt ist, mindestens die Hälfte erwischt zu haben: Einer schneidet, der andere wählt. Entwickle eine allgemeine Methode, so daß *n* Personen einen Kuchen so in *n* Teile aufteilen, daß jede Person der Meinung ist, mindestens $1/n$ des Kuchens erhalten zu haben.

7. Der gefaltete Bogen

Es ist Mathematikern noch nicht gelungen, eine Formel zu entwickeln, welche die Zahl der verschiedenen Möglichkeiten angibt, nach denen eine Autokarte gefaltet werden kann, die *n* Falten besitzt. Einen Eindruck von der Schwierigkeit dieser Frage kann man durch das folgende Rätsel erhalten, welches von *Henry Ernest Dudeney* erfunden wurde.

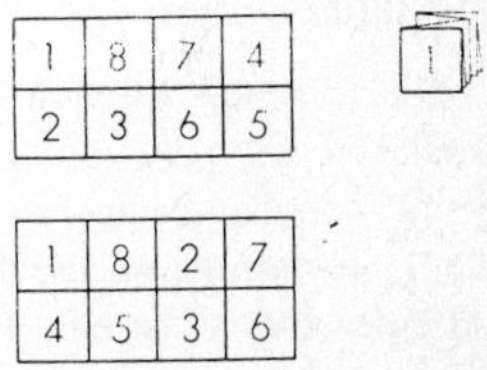

Abb. 87
Dudeneys Problem des Kartenfaltens

Man unterteile einen rechteckigen Bogen Papier in acht Quadrate und numeriere diese auf einer Seite wie in Abb. 87 oben links. Es gibt hierbei 40 verschiedene Möglichkeiten, diese „Karte” entlang den eingezeichneten Linien so zu falten, daß ein quadratisches Paket entsteht,

welches an oberster Stelle die „1" zeigt. Das Problem verlangt nun, den Bogen so zu falten, daß die Quadrate in ihrer natürlichen Reihenfolge zu liegen kommen, wobei die 1 oben liegen soll.
Ist einem dies gelungen, dann versuche man die wesentlich schwierigere Aufgabe zu lösen, das Gleiche mit dem Bogen zu machen, der wie im unteren Teil der Abb. 87 numeriert ist.

8. Der zerstreute Kassierer

Ein zerstreuter Bankkassierer verwechselte Markstücke und Pfennige, als er den Scheck für Herrn Krause auszahlte, indem er ihm Markstücke anstelle von Pfennigen und Pfennige anstelle von Markstücken gab. Nachdem sich Herr Krause eine Zeitung für 5 Pfennige gekauft hatte, entdeckte er, daß er genau doppelt soviel Geld übrig hatte, als auf dem Scheck gestanden hatte. Auf welche Summe war der Scheck ausgeschrieben?

9. Wasser und Wein

Ein bekanntes Problem betrifft zwei Becher, von denen der eine mit Wasser, der andere mit Wein gefüllt ist. Eine bestimmte Menge Wasser wird nun in den Wein gegossen, dann wird dieselbe Menge von dem Gemisch zurück in den Wasserbehälter gefüllt. Befindet sich nun mehr Wasser im Wein als Wein im Wasser? Die Antwort lautet, daß beide Mengen die gleichen sind.
Raymond Smullyan stellt nun die folgende Frage: Jeder Becher soll zu Beginn 10 Unzen Wasser, bzw. 10 Unzen Wein enthalten. Ist es möglich, bei beliebiger Anzahl von Umfüllungen von jeweils drei Unzen, wobei danach jedesmal gut umgerührt wird, einen Punkt zu erreichen, bei dem der Prozentsatz von Wein in beiden Gemischen derselbe ist?

Lösungen

1. Die folgende Analyse des Problems der Wüstendurchquerung erschien in einer kürzlichen Ausgabe von „Eureka", einer Zeitung der Mathematikstudenten der Universität von Cambridge. Fünfhundert km sollen als eine „Einheit" bezeichnet werden; eine Treibstoffmenge, die den Wagen 500 km weit fahren läßt, heißt eine „Ladung" und eine „Fahrt" ist eine Reise des Wagens in jede Richtung von einem Haltepunkt bis zum nächsten.
Zwei Ladungen führen den Wagen in eine maximale Entfernung von $1^1/_3$ Einheiten. Dies wird durch vier Fahrten erreicht, indem zuerst ein Treibstoffdepot $^1/_3$ Einheit vom Abfahrtspunkt entfernt eingerichtet wird. Der Wagen fährt mit einer vollen Ladung los, läßt an dem Depot $^1/_3$ Ladung zurück, kehrt um, tankt eine weitere volle Ladung, erreicht wieder das Depot, wo er die zurückgelassene $^1/_3$ Ladung

mitnimmt. Er hat nun eine volle Ladung, welche ausreicht, um die verbleibende Entfernung von einer Einheit zurückzulegen.
Drei Ladungen reichen für einen Weg von $1^1/_3$ plus $^1/_5$ Einheiten bei einer Zahl von neun Fahrten aus. Das erste Depot befindet sich $^1/_5$ Einheit vom Startpunkt entfernt. Drei Fahrten genügen, um $^6/_5$ Ladungen in diesem Depot zu lagern. Der Wagen kehrt dann um und tankt die restliche volle Ladung und erreicht das Depot mit $^4/_5$ Ladung im Tank. Diese Menge sowie die im Depot gelagerte Treibstoffmenge machen gerade zwei volle Ladungen aus, welche ausreichen, um den Wagen noch weitere $1^1/_3$ Einheiten fahren zu lassen, wie es bereits oben erklärt wurde.
Wir sollen die minimale Treibstoffmenge ermitteln, die erforderlich ist, um den Wagen 800 km weit fahren zu lassen. Drei Ladungen lassen ihn $766^2/_3$ km weit fahren ($1^1/_3+^1/_5$ Einheiten), so daß wir ein drittes Depot in einer Entfernung von $33^1/_3$ km ($^1/_{15}$ Einheiten) vom Startpunkt benötigen. In fünf Fahrten kann der Wagen dieses Depot einrichten, so daß die gesamte Treibstoffmenge des Wagens und des Depots drei Ladungen beträgt, wenn der Wagen das Depot am Ende der siebenten Fahrt erreicht. Wie wir gesehen haben, reicht diese Menge aus, um den Wagen die restlichen $766^2/_3$ km fahren zu lassen. Sieben Fahrten werden zwischen dem Startpunkt und dem ersten Depot zurückgelegt und $^7/_{15}$ Ladungen werden verbraucht. Die drei verbleibenden Ladungen reichen gerade für den Rest des Weges aus, so daß insgesamt $3^7/_{15}$ Ladungen von Treibstoff oder etwas mehr als 3,46 Ladungen verbraucht werden. Sechzehn Fahrten sind hierzu notwendig.

Geht man ganz entsprechend vor, so reichen vier Ladungen aus, um den Wagen eine Entfernung von $1 + ^1/_3 + ^1/_5 + ^1/_7$ Einheiten zurücklegen zu lassen, wobei drei Depots an den Endpunkten dieser Strecken eingerichtet werden müssen. Die Summe dieser unendlichen Reihe divergiert bei wachsender Ladungsanzahl; mithin kann der Wagen eine Wüste von beliebiger Breite durchqueren. Ist die Wüste 1000 km breit, so benötigt der Wagen zu ihrer Durchquerung sieben Depots, 64 Fahrten und 7,673 Ladungen Treibstoff.

Hunderte von Briefen beschäftigten sich mit diesem Problem und gaben allgemeine Lösungen und interessante Variationen an. *Cecil G. Phipps*, Mathematikprofessor an der Universität von Florida, fasste die Lösung kurz folgendermaßen zusammen: „Die allgemeine Lösung wird durch die Formel

$$d = m(1+^1/_3+^1/_5+^1/_7+\ldots)$$

angegeben, wo d die zu durchquerende Entfernung und m die Zahl der Kilometer pro Treibstoffladung ist. Die Anzahl der einzurichtenden Depots ist um eins geringer als die Zahl der Glieder in der Reihe, die nötig ist, um den Wert von d zu übersteigen. Eine Treibstoffladung wird auf der Fahrt zwischen je zwei Depots verbraucht. Da die Reihe divergiert, kann auf diese Weise jede beliebige Entfernung zurückgelegt werden, wenn auch die benötigte Treibstoffmenge exponentiell anwächst.
Soll der Wagen schließlich zu seinem Ausgangspunkt zurückkehren, dann lautet die Formel:

$$d = m(^1/_2+^1/_4+^1/_6+^1/_8+\ldots)$$

Auch diese Reihe ist divergent und die Lösung hat ähnliche Eigenschaften, wie die Lösung des Problems der einfachen Fahrt."

2. Wenn Smith zwei Kinder hat, von denen wenigstens eines ein Junge ist, dann gibt es drei gleichmögliche Fälle:

Junge — Junge
Junge — Mädchen
Mädchen — Junge

Nur in einem Falle sind beide Kinder Jungen, so daß die Wahrscheinlichkeit dafür, daß beide Kinder Jungen sind, $^1/_3$ beträgt.
Bei Jones liegt die Sache anders. Wir wissen, daß das ältere Kind ein Mädchen ist. Hierdurch sind wir nur auf zwei gleichwahrscheinliche Fälle beschränkt:

Mädchen — Mädchen
Mädchen — Junge

Die Wahrscheinlichkeit, daß beide Kinder Mädchen sind, beträgt daher $^1/_2$.
So beantwortete ich das Problem in meiner Zeitungsrubrik. Nachdem ich mir Protestbriefe vieler Leser durchgelesen und etwas mehr über das Problem nachgedacht hatte, sah ich ein, daß die Aufgabe nicht eindeutig gestellt worden war und ohne eine zusätzliche Information nicht beantwortet werden kann. Eine weitere Behandlung des Problems befindet sich auf Seite 146.

3. Der Schlüssel zu Lord *Dunsanys* Schachproblem ist die Tatsache, daß die schwarze Dame nicht auf einem schwarzen Feld steht, wie dies bei Beginn des Spieles der Fall sein müßte. Dies hat zur Folge, daß der schwarze König und die Dame sich bewegt haben müssen, was nur möglich ist, wenn einige schwarze Bauern sich bewegt haben. Da Bauern nicht rückwärts gehen, müssen wir schließen, daß die schwarzen Bauern ihre gegenwärtige Position erreichten, indem sie von der gegenüberliegenden Seite des Brettes aus vorwärtszogen! Beachtet man dies, so stellt man schnell fest, daß der weiße Springer auf der rechten Seite leicht in vier Zügen Schachmatt setzen kann. Weiß zieht seinen rechten Springer auf das direkt vor dem weißen König liegende Quadrat. Bewegt Schwarz seinen linken Springer in die Reihe, in der der Turm steht, so kann Weiß in zwei weiteren Zügen matt setzen. Schwarz kann jedoch sein Schachmatt um einen Zug herauszögern, indem er mit seinem Springer in die Reihe des Läufers statt des Turmes geht. Der weiße Springer geht daraufhin nach vorne rechts in die Reihe des Läufers und bietet beim nächsten Zug Schach. Schwarz verteidigt den König mit seinem Springer. Weiß nimmt den Springer mit seiner Dame und setzt Schwarz nach dem vierten Zuge mit seinem Springer matt.

4. Es sei n die Zahl der Stufen, die sichtbar sind, wenn sich die Rolltreppe nicht bewegt, und wir wollen als Zeiteinheit diejenige Zeit ansehen, die Professor Slapenarski benötigt, um eine Stufe abwärts zu gehen. Wenn er auf der abwärts-rollenden Treppe abwärts geht, und dabei 50 Stufen betritt, so müssen $n - 50$ Stufen in 50 Zeiteinheiten außer Sicht geraten sein. Weiter benötigt er 125 Stufen, um dieselbe Rolltreppe aufwärts zu rennen, wobei er für jeden Schritt vorher jetzt gleich fünf

Stufen nimmt. In diesem Falle sind 125 — n Stufen in $^{125}/_5$ oder 25 Zeiteinheiten außer Sicht geraten. Da wir voraussetzen können, daß die Rolltreppe mit konstanter Geschwindigkeit rollt, erhalten wir die folgende lineare Gleichung, die für n den Wert von 100 Stufen liefert:

$$\frac{n-50}{50} = \frac{125-n}{25}$$

5. Wenn bei einer längeren Division zwei Ziffern statt einer heruntergebracht werden, dann muß der Quotient eine Null enthalten. Da dies zweimal geschieht, wissen wir sofort, daß der Quotient von der Form $x080x$ sein muß. Wird der Divisor mit der letzten Ziffer des Quotienten multipliziert, so ist das Produkt eine vierstellige Zahl. Die letzte Ziffer des Quotienten muß daher eine 9 sein, denn das achtfache des Divisors ist, wie wir bereits wissen, eine dreistellige Zahl.
Der Divisor nun muß kleiner als 125 sein, da acht mal 125 gleich 1000, also gleich einer vierstelligen Zahl ist. Wir können daraus folgern, daß die erste Ziffer des Quotienten größer als 7 sein muß, denn sieben mal einen Divisor, der kleiner als 125 ist, würde ein Produkt ergeben, welches mehr als zwei Ziffern lassen würde, wenn es von den ersten vier Ziffern des Dividenden subtrahiert wird. Diese erste Ziffer kann nicht 9 sein (dies gäbe eine vierstellige Zahl, wenn sie mit dem Divisor multipliziert würde), also muß sie 8 sein, d.h. der gesamte Quotient ist 80809.
Der Divisor muß größer als 123 sein, da 80809 mal 123 eine siebenstellige Zahl ergibt, während unser Dividend acht Stellen besitzt. Die einzige Zahl zwischen 123 und 125 ist aber 124, so daß wir die gesamte Division folgendermaßen rekonstruieren können:

```
10020316:124 = 80809
 992
 ----
   1003
    992
    ----
     1116
     1116
     ----
```

6. Verschiedene Methoden wurden erfunden, nach denen n Personen einen Kuchen in n Teile schneiden können, so daß jeder überzeugt ist, mindestens $1/n$ des Kuchens erhalten zu haben. Die folgende Methode hat den Vorteil, daß keine Kuchenstücke übrigbleiben.
Angenommen, es sind fünf Personen vorhanden: A, B, C, D und E. A schneidet von dem Kuchen einen Teil ab, von dem er annimmt, daß er $^1/_5$ des Kuchens ausmacht und den er als seinen Anteil anerkennen würde. B darf nun, wenn er glaubt, daß A's Teil mehr als ein Fünftel ausmacht, diesen Teil durch Abschneiden soweit verringern, bis er der Meinung ist, daß A's Anteil $^1/_5$ beträgt. Ist er der Meinung, daß A's Anteil genau $^1/_5$ oder sogar weniger ist, dann berührt er ihn natürlich nicht. C, D und E haben nun nacheinander das gleiche Recht wie B. Die letzte Person, die A's Anteil verringert, behält als ihren Anteil den Rest. Jeder, der glaubt, daß diese Person we-

niger als $^1/_5$ besitzt, ist natürlich erfreut, denn das bedeutet in seinen Augen, daß mehr als $^4/_5$ vom Kuchen übrig sind. Der Rest des Kuchens sowie alle abgeschnittenen Teile werden nun dementsprechend unter die verbleibenden vier Personen verteilt, daraufhin unter dreien. Die letzte Teilung geschieht dann, indem eine Person schneidet und die zweite wählt. Diese Methode ist offensichtlich auf jede beliebige Zahl von Personen anwendbar.

Eine Diskussion dieser und auch anderer Lösungen findet man im Kapitel „Games of Fair Division" (S. 363—368) in dem Buch „Games and Decisions" von *R. Duncan Luce* und *Howard Raiffa* im Verlag John Wiley and Sons, Inc., 1957.

7. Der erste Bogen wird wie folgt gefaltet: man halte den Bogen mit der beschrifteten Seite nach unten, so daß beim Betrachten des Bogens von oben die numerierten Quadrate in folgender Stellung liegen:

2	3	6	5
1	8	7	4

Nun falte man die rechte Hälfte des Bogens nach links, so daß die 5 über der 2, die 6 über der 3, die 4 über der 1 und die 7 über der 8 liegt. Die untere Hälfte falte man nun nach oben, so daß die 4 über der 5 und die 7 über der 6 liegt. Anschließend falte man 4 und 5 zwischen 6 und 3 und falte 1 und 2 unter das Paket.

Der zweite Bogen wird zuerst in der Mitte parallel zur längeren Seite so gefaltet, daß die Zahlen außen sind und so gehalten, daß 4 5 3 6 oben liegt. Dann falte man 4 auf 5. Das rechte Ende des Streifens (Quadrate 6 und 7) wird zwischen 1 und 4 gesteckt und dann um die gefaltete Kante von 4 umgelegt, so daß 6 und 7 zwischen 8 und 5 kommen und 3 und 2 zwischen 1 und 4.

8. Um die auf Krauses Scheck aufgeführte Geldsumme zu ermitteln, wollen wir mit x die Markstücke und mit y die Pfennige bezeichnen. Das Problem läßt sich nun durch die folgende Gleichung ausdrücken: $100y+x-5 = 2(100x+y)$. Dies vereinfacht sich zu $98y—199x = 5$, einer diophantischen Gleichung mit einer unendlichen Anzahl von ganzzahligen Lösungen. Eine Lösung mit Hilfe der herkömmlichen Kettenbruchmethode ergibt als kleinste positive Lösung: $x = 31$ und $y = 63$, so daß Krauses Scheck auf 31,63 DM lautete. Diese Antwort des Problems ist eindeutig, denn die nächsthöheren Werte wären: $x = 129$, $y = 262$, was nicht die Bedingung erfüllt, daß y kleiner als 100 sein muß.

Es gibt einen viel einfacheren Lösungsweg, der mir von Lesern geschrieben wurde. Genau wie eben bezeichne x die Markstücke und y die Pfennige des Schecks. Nach dem Kauf der Zeitung hat Krause noch $2x+2y$ übrig. Das Wechselgeld, welches er noch von den x Pfennigen, die ihm der Kassierer gegeben hatte, übrig ist, beträgt $x—5$.

Wir wissen, daß y kleiner als 100 ist, aber unbekannt ist noch, ob y weniger als 50 Pfennige beträgt. Sind es weniger als 50 Pfennige, dann können wir die folgenden Gleichungen aufstellen:

$$2x = y$$
$$2y = x-5$$

Ist y 50 Pfennige oder mehr, dann hat Krause einen Betrag von Pfennigen übrig ($2y$), der eine Mark oder mehr ausmacht. Wir haben in diesem Falle die obigen Gleichungen zu verändern, indem wir 100 von $2y$ subtrahieren und 1 zu $2x$ addieren. Die Gleichungen lauten dann:

$$2x+1 = y$$
$$2y-100 = x-5$$

Beide Gleichungssysteme sind leicht zu lösen. Beim ersten System wird x negativ, so daß es ausscheidet. Das zweite System ergibt die richtigen Lösungen.

9. Unabhängig davon, wieviel Wein in dem einen Becher und wieviel Wasser im anderen ist und auch unabhängig davon, wieviel Flüssigkeit jedesmal umgefüllt wird (vorausgesetzt, man schüttet nicht die gesamte Flüssigkeit eines Bechers um), ist es unmöglich, zu einem Punkt zu kommen, bei dem in beiden Gefäßen derselbe Prozentsatz Wein ist. Dies läßt sich leicht durch induktive Schlußfolgerung zeigen. Enthält der Becher A eine höhere Konzentration von Wein als Becher B, dann wird auch nach Abfüllen von A nach B A eine höhere Konzentration aufweisen. Auch ein Umfüllen von B in A — also von einer schwächeren in eine stärkere Lösung — läßt B schwächer sein. Da einer dieser beiden Fälle bei jedem Umfüllen eintreten muß, folgt, daß Becher A stets eine höherprozentige Weinlösung als Becher B enthalten muß. Die einzige Möglichkeit, die beiden Konzentrationen gleich zu machen, würde darin bestehen, den gesamten Inhalt eines Bechers in den anderen zu giessen. In dieser Lösung befindet sich jedoch ein Trugschluß. Es wird nämlich vorausgesetzt, daß Flüssigkeiten unendlich oft teilbar sind, während jede Flüssigkeit aber aus diskreten Molekülen besteht. *P. E. Argyle* aus Royal Oak in British Columbia sandte mir folgenden Brief:

„Sehr geehrte Herren!
Ihre Lösung des Problems, Wein und Wasser zu mischen, scheint völlig die physikalischen Eigenschaften dieser Objekte zu ignorieren. Wenn aus einem Gemisch von zwei Flüssigkeiten eine bestimmte Menge dieses Flüssigkeitsgemisches entfernt wird, so wird der Anteil der einen Flüssigkeit, der in der entfernten Flüssigkeitsmenge enthalten ist, von dem Anteil dieser einen Flüssigkeit im gesamten Gemisch abweichen. Die Abweichung vom „tatsächlichen" Wert ist von der Größenordnung $\pm\sqrt{n}$, *wobei n die ungefähre Zahl der anwesenden Moleküle ist.*
Hieraus folgt, daß es möglich ist, in beiden Gläsern gleiche Anteile von Wein zu erhalten. Die Wahrscheinlichkeit, daß dies eintritt, ist doch bedeutend, nachdem die erwartete Abweichung von der Gleichheit der Konzentration in dem Gemisch auf die Größenordnung von $\sqrt{n}$ *reduziert worden ist. Hierzu sind nur 47 Umfüllungen jeweils in beide Richtungen notwendig, um das Problem, so wie es gestellt ist, zu lösen...*

Wahrscheinlichkeit und Mehrdeutigkeit

Charles Sanders Peirce bemerkte einmal, daß es in keiner anderen mathematischen Theorie so leicht für Experten ist, sich zu irren, als in der Wahrscheinlichkeitsrechnung. Die Geschichte bietet genug Beweise. *Leibniz* hielt es für gleichwahrscheinlich, mit zwei Würfeln eine 12 oder eine 11 zu würfeln. *Jean le Rond d'Alembert*, der große französische Mathematiker des 18. Jahrhunderts, sah nicht ein, daß das Resultat beim dreimaligen Werfen einer Münze dasselbe ist, wie das einmalige Werfen dreier Münzen; ferner war er (wie auch viele leidenschaftliche Spieler der heutigen Zeit) der festen Überzeugung, daß nach einer langen Serie von Wappen die Wahrscheinlichkeit, daß Kopf erscheint, wächst.

Heute gibt uns die Wahrscheinlichkeitsrechnung klare und unbestreitbare Antworten auf einfache Fragen der genannten Art, allerdings nur, wenn die Art und Weise genau definiert ist, wie das jeweilige Experiment ausgeführt wird. Dies zu unterlassen, bildet eine gemeinsame Quelle der Verwirrung in vielen Unterhaltungsproblemen, die sich mit Wahrscheinlichkeiten beschäftigen. Ein klassisches Beispiel ist das Problem des zerbrochenen Stabes. Wenn ein Stab auf gut Glück in drei Teile zerbrochen wird, wie groß ist dann die Wahrscheinlichkeit, daß die drei Teile zu einem Dreieck zusammengesetzt werden können? Diese Frage läßt sich nicht eindeutig beantworten, wenn nicht zusätzliche Informationen über die genaue Art und Weise gegeben werden, wie der Stab zerbrochen wird.

Eine Methode wäre, völlig wahllos und unabhängig voneinander zwei Punkte auf dem Stab zu markieren und dann den Stock an diesen Punkten zu zerbrechen. Schlägt man diesen Weg ein, dann lautet die Lösung $^1/_4$ und es existiert eine geschickte Methode, die Lösung durch eine geometrische Skizze zu demonstrieren. Wir zeichnen ein gleichseitiges Dreieck und verbinden dann die Mittelpunkte der drei Seiten, um ein kleineres schraffiertes gleichseitiges Dreieck im Innern des großen zu erhalten (s. Abb. 88). Wählen wir einen beliebigen Punkt im großen Dreieck und legen wir von diesem Punkt die Senkrechten auf die drei Seiten, dann wird die Summe dieser drei Senkrechten stets konstant sein und der Höhe des großen Dreiecks gleichen. Liegt der Punkt, wie etwa Punkt A, *im Innern* des schraffierten Dreiecks, so wird keine der drei Senkrechten länger als die Summe der beiden anderen sein. Die drei Linien werden also in diesem Falle ein Dreieck bilden. Liegt dagegen der Punkt, wie Punkt B, *außerhalb* des schraffierten Drei-

ecks, so wird eine der drei Senkrechten garantiert länger als die Summe der beiden anderen sein, so daß die drei Linien mit Sicherheit kein Dreieck bilden können.
Wir besitzen nun ein gutes geometrisches Analogon zu unserem Problem mit dem zerbrochenen Stab. Die Summe der drei Senkrechten ent-

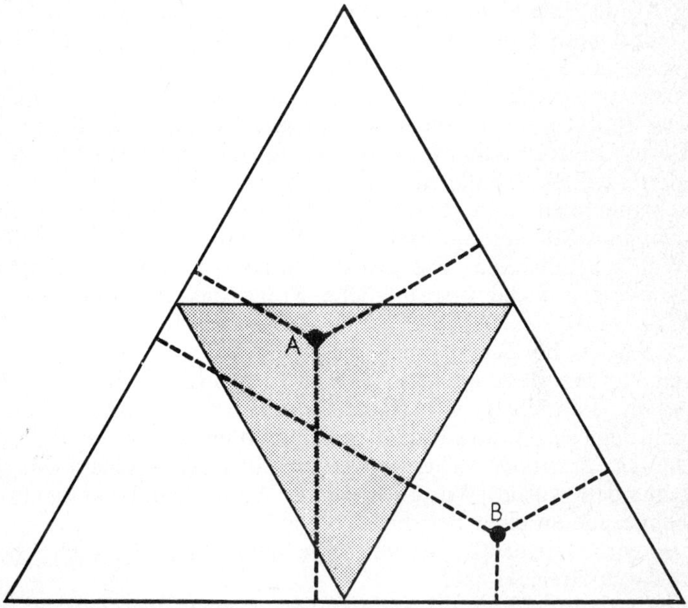

Abb. 88
Wird ein Stab in drei Teile zerbrochen, so ist die Wahrscheinlichkeit 1/4, daß die drei Teile ein Dreieck bilden

spricht nämlich der Länge des Stabes. Jeder Punkt im großen Dreieck stellt ferner eine eindeutige Teilung des Stabes dar, wobei die drei Senkrechten den drei zerbrochenen Teilen entsprechen. Die Wahrscheinlichkeit, den Stock in der geforderten Weise zu zerteilen, entspricht also der Wahrscheinlichkeit, wahllos einen Punkt auszuwählen, so daß seine drei Senkrechten ein Dreieck bilden können. Wie wir bereits sahen, ist dies nur der Fall, wenn der Punkt im Innern des schraffierten Dreiecks liegt. Da dessen Fläche genau $^1/_4$ der Gesamtfläche beträgt, ist die gesuchte Wahrscheinlichkeit $^1/_4$.
Nehmen wir aber an, daß wir unter „beliebigem Zerbrechen eines Stabes in drei Teile" eine andere Methode der Zerteilung verstehen. Wir zer-

brechen den Stock wahllos in zwei beliebige Teile, nehmen uns einen der beiden Teile und zerbrechen diesen noch einmal wahllos. Wie groß ist hier die Chance, daß die drei Stücke ein Dreieck bilden?

Die Antwort wird durch dieselbe Skizze gegeben. Wählen wir nach dem ersten Zerteilen das kleinere Stück, so ist kein Dreieck möglich. Was geschieht aber, wenn wir das größere Stück wählen? In unserer Abb. 88 wird das kleinere Stück etwa durch die vertikale Senkrechte dargestellt. Damit diese Strecke kürzer als die Summe der beiden anderen Senkrechten ist, darf der Punkt, von dem die Senkrechten ausgehen, nicht im kleinen Dreieck im oberen Teil des großen Dreiecks liegen. Der Punkt muß in einem der unteren drei Dreiecke liegen. Das schraffierte Dreieck stellt wieder die Menge der günstigen Punkte dar, macht aber in diesem Falle nur $^1/_3$ der betrachteten Fläche aus. Die Wahrscheinlichkeit beträgt also $^1/_3$, daß beim nochmaligen Zerbrechen des größeren Stückes die drei Teile des Stabes ein Dreieck bilden. Da die Wahrscheinlichkeit, das größere Stück zu wählen, $^1/_2$ beträgt, ist die Antwort auf die ursprüngliche Frage das Produkt von $^1/_2$ und $^1/_3$, also $^1/_6$.

Geometrische Zeichnungen dieser Art müssen sehr vorsichtig verwendet werden, denn auch sie können zu mehrdeutigen Ergebnissen Anlaß geben. Betrachten wir beispielsweise das folgende Problem, welches von dem berühmten französischen Mathematiker des 19. Jahrhunderts, *Joseph Bertrand*, in einer Arbeit über Wahrscheinlichkeitsrechnung behandelt wurde. Wie groß ist die Wahrscheinlichkeit dafür, daß eine Sehne, die an einer beliebigen Stelle im Innern eines Kreises eingezeichnet wird, länger als die Seite eines dem Kreis einbeschriebenen gleichseitigen Dreiecks ist?

Die Antwort kann folgendermaßen gegeben werden. Die Sehne muß an irgendeinem Punkt des Kreisumfanges beginnen. Wir bezeichnen diesen Punkt mit A und legen dann an A eine Tangente an den Kreis, wie dies im oberen Teil der Abb. 89 dargestellt ist. Das andere Ende der Sehne kann dann mit gleicher Wahrscheinlichkeit auf jedem Punkt des Umfanges liegen, wodurch sich eine unendliche Mannigfaltigkeit von gleichwahrscheinlichen Sehnen ergibt, von denen einige in der Abbildung als gestrichelte Linien abgebildet sind. Es ist deutlich zu sehen, daß nur diejenigen Sehnen länger als die Dreiecksseite sind, die quer über das Dreieck verlaufen. Da der Winkel des Dreiecks am Punkte A 60° beträgt und da alle möglichen Sehnen innerhalb eines Bereiches von 180° liegen müssen, ist die Wahrscheinlichkeit, daß eine beliebig ausgewählte Sehne länger als die Dreiecksseite ist, $^{60}/_{180}$ oder $^1/_3$.

Nun wollen wir dasselbe Problem etwas anders anpacken. Die Sehne muß senkrecht auf einem Kreisdurchmesser stehen. Wir zeichnen einen solchen Durchmesser und vervollständigen die Skizze durch Einzeichnen des Dreiecks wie dies in Abb. 89 unten links gezeigt ist. Alle zu diesem Durchmesser senkrechten Sehnen müssen durch einen Punkt gehen, der irgendwo auf dem eingezeichneten Durchmesser liegen

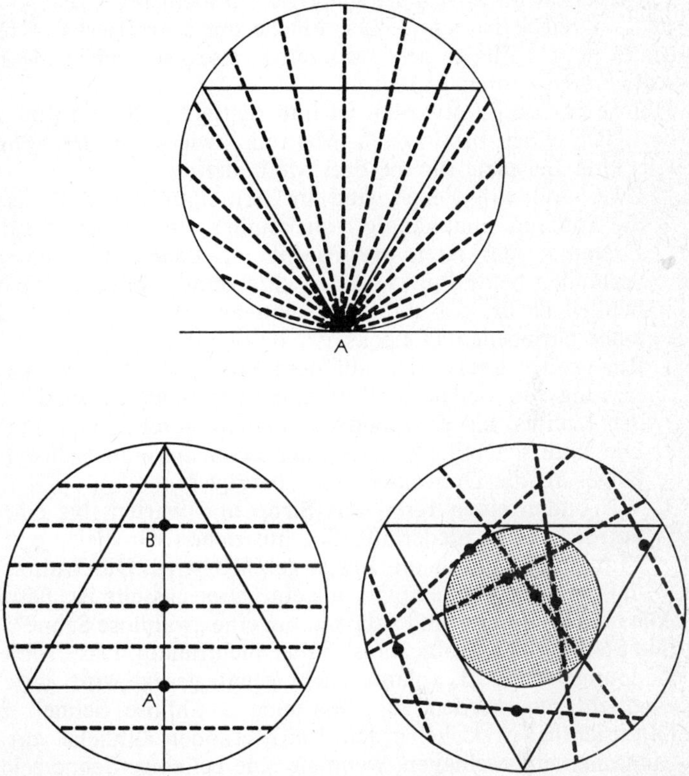

Abb. 89
Die Wahrscheinlichkeit dafür, daß eine beliebige Sehne länger als die Seite eines einbeschriebenen gleichseitigen Dreiecks ist, ergibt sich zu 1/3 (oben), 1/2 (links) und 1/4 (rechts)

muß. Einige dieser Sehnen sind wieder gestrichelt abgebildet. Es ist nicht schwer, zu beweisen, daß der Abstand des Mittelpunktes des Kreises vom Punkte A genau der halbe Radius ist. B markiere diesen halben Radius auf der anderen Seite des Durchmessers. Man erkennt nun leicht, daß nur diejenigen Sehnen, die den Durchmesser zwischen

A und B schneiden, länger als die Dreiecksseite sind. Da $\overline{AB}$ der halbe Durchmesser ist, lautet die Antwort zu unserer Frage diesmal $^1/_2$.
Nun noch eine dritte Lösungsmethode. Der Mittelpunkt der Sehne kann an jedem beliebigen Punkt des Kreises liegen. Eine Betrachtung der Abb. 89 unten rechts wird einen überzeugen, daß nur die Sehnen, deren Mittelpunkte im Innern des schraffierten kleineren Kreises liegen, länger als die Dreiecksseite sind. Die Fläche des schraffierten Kreises beträgt genau $^1/_4$ der Fläche des gesamten Kreises, so daß in diesem Falle die Antwort $^1/_4$ lautet.
Welche der drei Antworten ist nun richtig? Jede von ihnen ist korrekt bezüglich einer bestimmten Methode, wie man die Sehne zeichnet. Hier drei Beispiele für die drei Methoden:

1. Zwei drehbare Zeiger sind im Mittelpunkt des Kreises montiert. Sie rotieren unabhängig voneinander. Wir setzen beide Zeiger in Drehung, markieren die Punkte, an denen sie stehenbleiben und verbinden beide Punkte durch eine gerade Strecke. Die Wahrscheinlichkeit dafür, daß diese so erhaltene Sehne länger als die Seite des einbeschriebenen Dreiecks ist, beträgt $^1/_3$.
2. Ein großer Kreis wird auf dem Fußboden gemalt. Aus einer Entfernung von vielleicht 10 m rollen wir einen Besenstiel in Richtung des Kreises, bis er irgendwo auf dem Kreise zum Stehen kommt. Die Wahrscheinlichkeit, daß der Besenstiel eine Sehne markiert, die länger als die Dreiecksseite ist, beträgt $^1/_2$.
3. Wir bilden einen Kreis aus Sirup und warten, bis eine Fliege sich auf dem Kreis niederläßt. Sodann ziehen wir diejenige Sehne, deren Mittelpunkt durch die Fliege gebildet wird. Die Wahrscheinlichkeit, daß jetzt die Sehne länger als eine Dreiecksseite ist, beträgt $^1/_4$.

Alle drei Methoden sind zulässig, um eine „wahllose Sehne" zu zeichnen. Die Stellung des Problems ist daher mehrdeutig. Das Problem hat keine eindeutige Antwort, solange nicht genau gesagt wird, welche Methode eingeschlagen werden soll, um eine „wahllose Sehne" zu zeichnen. Offensichtlich wird keine den drei Methoden ähnliche von den meisten Menschen eingeschlagen, wenn sie eine beliebige Sehne zeichnen sollen. In einem interessanten unveröffentlichten Artikel mit dem Titel „The Human Organism as a Random Mechanism" berichtete *Oliver L. Lacey*, Professor für Psychologie an der Universität von Alabama, daß ein Test zeigte, daß die Wahrscheinlichkeit dafür, daß eine Person eine Sehne zeichnet, die länger als die Seite des einbeschriebenen Dreiecks ist, wesentlich größer als $^1/_2$ ist.

Ein weiteres Beispiel von Mehrdeutigkeit, in dem ebenfalls der Zufallsprozess nicht genauer beschrieben wird, tritt auf S. 133, Problem Nr. 2 auf. Den Lesern wurde mitgeteilt, daß Mr. Smith zwei Kinder hat, von denen wenigstens ein Kind ein Junge ist, und es sollte die Wahrscheinlichkeit errechnet werden, daß beide Kinder Jungen sind. Viele Leser stellten sehr richtig fest, daß die Antwort davon abhängt, welche Methode man einschlägt, um zu der Information „wenigstens ein Kind ist ein Junge" zu gelangen. Wählt man aus allen Familien, die zwei Kinder besitzen, von denen wenigstens eines ein Junge ist, eine beliebige ganz wahllos aus, dann lautet die Antwort $^1/_3$. Es gibt aber noch eine andere Methode, die zur gleichen Fragestellung führt.

Von allen Familien mit zwei Kindern wird eine Familie ganz wahllos ausgesucht. Sind beide Kinder der ausgewählten Familie Jungen, dann lautet die Information, daß „wenigstens ein Kind ein Junge ist". Sind beide Kinder Mädchen, so wird uns mitgeteilt, daß „wenigstens ein Kind ein Mädchen ist". Sind beide Geschlechter schließlich vorhanden, so wird ein Kind ganz beliebig herausgegriffen und die Information lautet „wenigstens ein Kind ist ein ...", wobei das Kind genannt wird, welches ausgewählt wurde. Schlägt man diese Methode ein, so ist die Wahrscheinlichkeit, daß beide Kinder gleichen Geschlechts sind, offenbar $^1/_2$. (Dies ist einfach einzusehen, denn in genau zwei von den vier gleichmöglichen Fällen JJ, JM, MJ, MM sind beide Kinder gleichen Geschlechts). Daß die besten Mathematiker solche mehrdeutigen Probleme übersehen können, wird durch die Tatsache bewiesen, daß dieses Problem in unbeantworteter Form in einem der besten Lehrbücher über moderne Mathematik kürzlich erschien.

Ein wunderbar verwirrendes Rätsel, welches von drei Gefangenen und einem Wächter handelt und noch schwerer in unzweideutiger Form zu formulieren ist, ist im Augenblick im Umlauf. Drei Männer — A, B und C — befanden sich in drei getrennten Zellen und waren zum Tode verurteilt, als der Gouverneur beschloß, einen von ihnen zu begnadigen. Er schrieb die drei Namen auf drei Zettel, mischte diese Zettel in seinem Hut und zog einen Zettel. Dann rief er den Wächter an und bat ihn, den Namen des Glücklichen noch für einige Tage geheimzuhalten. Der Gefangene A bekam jedoch Wind von der Sache. Als der Wächter seine Morgenrunde machte, da versuchte A den Wächter zu überreden, ihm den Namen des Begnadigten zu verraten. Der Wächter weigerte sich.

„Dann sage mir wenigstens", bat A, „den Namen von einem, der hingerichtet wird. Wird B begnadigt, dann nenne mir C's Name. Wird C begnadigt, dann nenne mir B's Name. Sollte ich begnadigt werden, dann wirf eine Münze, um zu entscheiden, ob du mir B's oder C's Name nennst".

„Siehst du mich aber eine Münze werfen", erwiderte der Wächter, „dann weißt du, daß du begnadigt wirst. Und wenn du siehst, daß ich keine Münze werfe, dann weißt du, daß entweder du oder der, den ich nicht nenne, begnadigt wird".

„Dann verrate mir jetzt nichts", sagte A. „Sage mir das Ergebnis morgen".

Der Wächter, der nichts von Wahrscheinlichkeitsrechnung verstand, überlegte sich A's Anliegen am Abend und kam zu dem Schluß, daß, wenn er der von A vorgeschlagenen Methode folgte, A keine Möglichkeit hätte, seine Überlebenschancen auszurechnen. Am andern Morgen sagte er infolgedessen, daß B hingerichtet werden würde.

Nachdem der Wächter wieder gegangen war, lachte A im Stillen über die Dummheit des Wächters. Es gab nun nur zwei gleichwahrscheinliche Elemente im, wie Mathematiker ihn nennen, „Ereignisraum" des Problems. Entweder C oder er selber würde begnadigt werden, so daß nach den üblichen Regeln der Wahrscheinlichkeitsrechnung seine Überlebenschancen von $^1/_3$ auf $^1/_2$ gestiegen waren.

Der Wächter wußte nicht, daß A sich mit C in der benachbarten Zelle durch Klopfzeichen an einem Wasserrohr in Verbindung setzen konnte. Dies tat A jetzt ebenfalls, indem er C genau berichtete, was er dem Wächter und was dieser ihm erzählt hatte. C geriet durch die Nachricht vor Freude gänzlich aus dem Häuschen, denn wie A überlegte er sich, daß seine eigenen Überlebenschancen auf $^1/_2$ gestiegen waren.
War die Schlußweise der beiden Männer korrekt? Wenn nicht, wie müßte jeder seine Chancen, begnadigt zu werden, ausrechnen?

Als ich die zweite Lösungsversion des Problems mit dem zerbrochenen Stab beschrieb, hätte ich kaum eine bessere Illustration geben können, die bewies, wie sehr sogar Fachleute bei der Ausrechnung der Wahrscheinlichkeit irren können, und die die Gefahren offenbarte, die entstehen, wenn man sich zu sehr auf eine geometrische Vorstellung verläßt. Meine Lösung stammt aus *William A. Whitworths* „DCC Exercises in Choice and Chance", Problem 677; die gleiche Antwort befindet sich auch in vielen anderen älteren Lehrbüchern über Wahrscheinlichkeitsrechnung. Sie ist gänzlich falsch!

In der ersten Lösung des Problems, wo die beiden Bruchstellen gleichzeitig ausgewählt werden, kann sich der entsprechende Punkt auf der Skizze über das gesamte große Dreieck erstrecken, so daß ein Flächenvergleich gestattet ist, der dann zur korrekten Antwort führt. In der zweiten Version, bei der der Stab erst einmal und dann der größere Teil ein zweites Mal zerbrochen wird, setzte *Whitworth* voraus, daß der Punkt auf der Skizze sich gleichmäßig über die drei unteren Dreiecke erstrekken kann. Dies ist nicht der Fall. Im mittleren Dreieck befinden sich mehr Punkte als in den beiden anderen.

Die Länge des Stabes sei 1 und x sei die Länge des kürzesten Teilstückes nach der Teilung. Um Stücke zu erhalten, die ein Dreieck bilden, muß die längere Hälfte des Stabes innerhalb einer Länge von $1 - x$ zerbrochen werden. Die Wahrscheinlichkeit dafür, daß die drei Stücke ein Dreieck bilden, beträgt mithin $x/1-x$. Wir müssen nun den Durchschnitt aller Werte von x, die offenbar von 0 bis $^1/_2$ reichen, zu ermitteln, um einen Wert für den obigen Ausdruck zu erhalten. Der Wert ergibt sich zu $-1 + 2 \ln 2$ oder 0,386. Da die Wahrscheinlichkeit dafür, daß wir beim zweiten Male den längeren Stab wählen, $^1/_2$ ist, müssen wir 0,386 mit $^1/_2$ multiplizieren, um 0,193 als Lösung des Problems zu erhalten. Dieser Wert ist ganz wenig größer als $^1/_6$, der Wert, der sich nach *Whitworths* Gedankengang ergab.

Eine beträchtliche Zahl von Lesern teilte mir sehr genaue Analysen des Problems mit. In der obigen Zusammenfassung hielt ich mich an eine Lösung von *Mitchell P. Marcus* aus Binghamton, New York. Professor *Redheffer* von der Universität von Kalifornien ist Mitverfasser (mit *Ivan S. Sokolnikoff*) von „Mathematics of Physics and Modern Engineering" [88], worin sich eine vollständige Diskussion unseres Problems befindet. Andere Methoden, um die erste Version des Problems zu lösen, findet man in [89]. *Frederick R. Kling*, *John Ross* und *Norman Cliff*, alle drei am Educational Testing Service in Princeton, New Jersey, sandten mir ebenfalls eine korrekte Lösung der zweiten Version des Problems. Am Ende ihres Briefes fragten sie, welche der folgenden drei Aussagen am wahrscheinlichsten ist:

1. Herr Gardner hat sich wirklich geirrt.
2. Herr Gardner irrte sich absichtlich, um seine Leser zu testen.
3. Herr Gardner hat sich dessen schuldig gemacht, was in der Mathematik als d'Alembertscher Fehler bezeichnet wird.

Die Antwort: Nr. 3!

Lösungen

Die Antwort zu dem Problem mit den drei Gefangenen lautet, daß A's Wahrscheinlichkeit, begnadigt zu werden, $^1/_3$ und C's Chance $^2/_3$ ist.

Unabhängig davon, wer begnadigt wird, nennt der Wächter A den Namen eines von A verschiedenen Mannes, der sterben wird. Die Nachricht des Wächters hat daher überhaupt keinen Einfluß auf A's Chance zu überleben; die Chance beträgt immer noch $^1/_3$.

Die Situation entspricht dem folgenden Kartenspiel. Zwei schwarze Karten (die den Tod repräsentieren) und eine rote Karte (Begnadigung) werden gemischt und an drei Männer verteilt: A, B, C, welche den Gefangenen entsprechen. Wenn eine vierte Person (der Wächter) sich alle drei Karten ansieht und dann eine schwarze Karte aufdeckt, die entweder B oder C gehört, wie groß ist dann die Wahrscheinlichkeit, daß A's Karte rot ist? Man ist versucht, zu sagen, daß sie $^1/_2$ ist, denn nur noch zwei Karten liegen verdeckt auf dem Tisch, von denen eine rot sein muß. Da aber in jedem Falle eine schwarze Karte gezeigt werden kann, die entweder B oder C gehört, so liefert das Umdrehen einer schwarzen Karte keine Information, aus der man auf die Farbe von A's Karte schließen könnte.

Dies ist leicht verständlich, wenn wir die Situation übertreiben, indem wir den Tod durch ein Pik As in einem vollständigen Kartenspiel repräsentieren. Alle Karten des Spieles werden auf dem Tisch verteilt und A zieht eine Karte. Seine Chance, den Tod zu vermeiden beträgt $^{51}/_{52}$. Nehmen wir nun an, daß sich jemand alle Karten ansieht und dann 50 Karten aufdeckt, unter denen nicht das Pik As ist. Nur zwei Karten bleiben verdeckt, von denen die eine das Pik As sein muß, aber offenbar verringert dies nicht A's Chance zu $^1/_2$. Die Chance ändert sich nicht, da es stets möglich ist, wenn man sich 51 Karten ansieht, 50 auszuwählen, unter denen nicht das Pik As ist. Das Auswählen dieser 50 Karten und ihr Aufdecken hat also keinen Einfluß auf A's Chancen. Werden natürlich 50 Karten ganz wahllos aufgedeckt, und enthält keine von ihnen das Pik As, dann beträgt die Wahrscheinlichkeit, daß A die Todeskarte zieht, tatsächlich $^1/_2$.

Wie steht es nun mit dem Gefangenen C? Da entweder A oder C sterben muß, müssen sich ihre beiden Überlebenschancen zu 1 addieren. A's Chance, zu überleben ist $^1/_3$; infolgedessen muß C's Chance $^2/_3$ sein. Dieses Ergebnis kann man bestätigen, indem man die vier möglichen Elemente des Ereignisraumes und ihre jeweiligen Wahrscheinlichkeiten betrachtet:

1. C wird begnadigt, Wächter nennt B (Wahrscheinlichkeit $^1/_3$)
2. B wird begnadigt, Wächter nennt C (Wahrscheinlichkeit $^1/_3$)
3. A wird begnadigt, Wächter nennt B (Wahrscheinlichkeit $^1/_6$)
4. A wird begnadigt, Wächter nennt C (Wahrscheinlichkeit $^1/_6$)

In den Fällen 3 und 4 würde A überleben, so daß seine Überlebenschancen $^1/_3$ ergeben. Nur die Fälle 1 und 3 kommen in Frage, als bekannt wird, daß B sterben wird. Die Wahrscheinlichkeit, daß Fall 1 eintritt ist $^1/_3$ oder das zweifache der Wahrscheinlichkeit, daß 3 eintritt ($^1/_6$), so daß C's Überlebenschancen zwei zu eins oder $^2/_3$ betragen. In unserem Kartenspiel-Modell würde dies bedeuten, daß die Wahrscheinlichkeit, daß C's Karte rot ist, $^2/_3$ ist.

Das Problem der drei Gefangegen brachte eine ganze Flut von Post, pro und contra. Glücklicherweise waren alle Einwände unbegründet. *Sheila Bishop* aus East Haven, Connecticut, sandte folgende gut ausgedachte Analyse des Problems:

„Sehr geehrte Herren!

Ich kam durch die folgende paradoxe Situation zu dem Schluß, daß A's Denkweise falsch war. Nehmen wir an, daß die ursprüngliche Unterhaltung zwischen A und dem Wächter genau so wie angegeben stattgefunden hatte, daß aber der Wächter in dem Augenblick, in dem er A's Zelle betritt, um ihm zu sagen, daß B hingerichtet wird, in einen Schacht fällt oder sonst irgendwie von der Überbringung der Nachricht abgehalten wird.

A könnte nun folgendermaßen schließen: 'Angenommen, er wollte mir mitteilen, daß B hingerichtet wird. In diesem Falle wären meine Überlebenschancen $^1/_2$. Wollte er mir sagen, daß C hingerichtet wird, dann wären meine Chancen immer noch $^1/_2$. Nun weiß ich mit Sicherheit, daß er mir eine der beiden Tatsachen berichten wollte: in jedem Falle sind meine Chancen zu überleben $^1/_2$.' Folgt man diesem Gedankengang, dann zeigt sich, daß A seine Chancen zu $^1/_2$ ausrechnen konnte, ohne jemals den Wächter etwas zu fragen!

Nach mehreren Stunden kam ich schließlich zu folgendem Schluß: Stellen wir uns eine großen Anzahl von solchen Gefangenentrios in derselben Situation vor und nehmen wir an, daß in jeder dieser Gruppen A derjenige ist, der mit dem Wächter spricht. Haben wir es mit 3n Trios zu tun, dann wird in n von ihnen A, in n B und in n C be-

gnadigt. In 3n/2 Fällen wird der Wächter sagen: ‚B wird hingerichtet werden'. In n dieser Fälle wird C der Glückliche, in n/2 dieser Fälle A der Glückliche sein; C's Chancen sind also zweimal so groß wie A's. Hieraus folgt, daß A's beziehungsweise C's Überlebenschancen $^1/_3$ *beziehungsweise* $^2/_3$ *sind..."*

Lester R. Ford, Jr. und *David N. Walker*, beide am Amt für General Analysis Corporation in Arizona, waren der Ansicht, daß dem Wächter Unrecht geschehen war:

„Sehr geehrte Herren!

Wir schreiben an Sie im Namen des Wächters, der ein staatlicher Angestellter ist, und sich daher nicht in Streitfragen einlassen will.

In schmutziger Weise charakterisieren Sie ihn als ‚einen Wächter, der nichts von Wahrscheinlichkeitsrechnung verstand...' und ich fühle, daß hier ein schweres Unrecht begangen wird. Sie sind nicht nur inkorrekt (und vielleicht auch verleumderisch), sondern ich kann Ihnen sogar persönlich versichern, daß sein Hobby viele Jahre lang Mathematik und insbesondere Wahrscheinlichkeitsrechnung war. Sein Entschluß, A's Frage zu beantworten, gegründet auf der menschlichen Absicht, die letzten Stunden eines zum Tode verurteilten Mannes zu erleichtern (denn, wie wir jetzt alle wissen, C wurde begnadigt), war eine Entscheidung, die völlig im Einklang mit den Anweisungen des Gouverneurs stand.

Der einzige Punkt, an dem man ihn kritisieren könnte (und dafür wurde er bereits vom Gouverneur getadelt) ist der, daß er nicht fähig war, A zu hindern mit C in Verbindung zu treten, so daß C die Möglichkeit hatte, seine eigenen Überlebenschancen genauer auszurechnen. Aber auch hierbei entstand kein großer Schaden, da C es nicht verstand, die Information richtig auszuwerten.

Wenn Sie sich nicht entschuldigen und alles zurücknehmen, dann fühle ich mich gezwungen, ihre Zeitschrift abzubestellen".

Literaturverzeichnis

Die Zaubermatrix

[1] „Webster Had a Word for It", *Stewart James* in „The Linking Ring" (ein amerikanisches Magazin für Magie), Oktober 1952.

[2] „OGNIB", *Mel Stover* in „Ibidem" (ein kanadisches Magazin für Magie), Nr. 7, September 1956.

[3] „The Irresistible Force", *Mel Stover* in „The New Phoenix" (ein amerikanisches Magazin für Magie) Nr. 340, Januar 1957.

[4] „And So Force", *P. Howard Lyons* in „The Genii" (ein amerikanisches Magazin für Magie) Band 19, Nr. 6, Februar 1955.

[5] „Mathematical Recreations", *Maurice Kraitchik*, Dover Publications, Inc., 1953.

Neun Probleme

[6] „Mathematics Magazine", September-Oktober 1950, Problem Q 12.

[7] „American Mathematical Monthly", August-September 1957, Problem E 1279; Lösung in der Ausgabe März 1958.

[8] „Mathematics Magazine", März-April 1952, Vol. 25, Seite 219.

Paradoxien der Wahrscheinlichkeit

[9] „Eins, Zwei Drei... Unendlichkeit", *George Gamow*, Goldmanns Gelbe Taschenbücher, Band 493/94.

[10] „The Application of Probability to Conduct", *John Maynard Keynes* in „The World of Mathematics" Band 2, herausgegeben von *James Newman*, Simon and Schuster, Inc., 1956. Enthält eine genauere Diskussion des St. Petersburger Paradoxons.

[11] „Logical Foundations of Probability", *Rudolf Carnap*, University of Chicago Press, 1950. Bemerkungen zu *Hempels* Paradoxon befinden sich auf den Seiten 224ff und 469ff.

[12] „Studies in the Logic of Confirmation", *Carl G. Hempel* in „Mind", Vol. 54, Nr. 213, Seiten 1—26, Januar 1945; Vol. 54, Nr. 214, Seiten 97—121, April 1945.

[13] „A Note on the Paradoxes of Confirmation", *Carl G. Hempel*, „Mind", Vol. 55, Nr. 217, Januar 1946.

[14] „A Purely Syntactical Definition of Confirmation", *Carl G. Hempel* in „Journal of Symbolic Logic", Band 8, 1943, Seiten 122—143.

[15] „On Confirmation", *Janina Hosiasson-Lindenbaum* in „Journal of Symbolic Logic", Band 5, 1940, Seiten 133—148.

[16] „Fact, Fiction and Forecast", *Nelson Goodman*, Harvard University Press, 1955. Kapitel 3 enthält eine Kritik an *Hempels* Paradoxon.

Das Ikosaeder-Spiel und der Turm von Hanoi

[17] „The Life of Sir William Rowan Hamilton", *Robert Percival Graves*, Band 3, Seiten 55ff, Dublin 1882—89.

[18] „The *n*-Dimensional Cube and the Tower of Hanoi", *D. W. Crowe* in „American Mathematical Monthly", Vol. 63, Nr. 1, Januar 1956, Seiten 29—30.

[19] „American Mathematical Monthly", März 1941, Problem 3918.

Ungewöhnliche topologische Modelle

[20] „Mathematical Models", *H. Martyn Cundy* und *A. P. Rollett*, Clarenden Press, 1952.

[21] „A Non-Singular Polyhedral Möbius-Band Whose Boundary Is a Triangle", *Bryant Tuckerman* in „American Mathematical Monthly", Vol. 55, Nr. 5, Mai 1948, Seiten 309—311.

[22] „Topology", *Albert W. Tucker* und *Herbert S. Bailey*, Jr. in „Scientific American", Vol. 182, Nr. 1, Januar 1950, Seiten 18—24.

[23] „Anschauliche Geometrie", *David Hilbert* und *S. Cohn-Vossen*, Dover Publications, Inc.

Sam Loyd: Amerikas größter Rätselerfinder

[24] „Notes on the ‚15'-Puzzle, I", *Wm. Woolsey Johnson* in „American Journal of Mathematics", Vol. 2, 1879, Seiten 397—399.

[25] „Notes on the ‚15'-Puzzle, II", *William E. Story* in „American Journal of Mathematics", Vol. 2, 1879, Seiten 399—404.

[26] „The Prince of Puzzle-Makers: An Interview with Sam Loyd", *George Grantham Bain* in „The Strand Magazine", Vol. 34, 1907, Seiten 771—777.

[27] „Sam Loyd and His Chess Problems", *Alain C. White*, Whitehead and Miller Printers, 1913.

[28] „Mathematics, Magic and Mystery", *Martin Gardner*, Dover Publications, Inc., 1956; Kapitel 7 und 8 beschäftigen sich mit *Loyds* „Von der Erde weg"-Paradoxon und mit ähnlichen geometrischen „Verschwindungserscheinungen".

Neun Probleme

[29] „Mathematical Nuts", *Samuel J. Jones*, 1932, Seite 86.

[30] „Unterhaltsame Mathematik", *Roland Sprague*, 2. Aufl., Friedr. Vieweg u. Sohn, Braunschweig, 1965.

[31] „American Mathematical Monthly", März 1948, Problem E 776.

Nim und Tac Tix

[32] „Nim, a Game with a Complete Mathematical Theory", *Charles L. Bouton* in „Annals of Mathematics", Serie 2, Vol. 3, 1901—1902, Seiten 35—39.

[33] „A Generalization of the Game Called Nim", *S. H. Moore* in „Annals of Mathematics", Serie 2, Vol. 11, 1910, Seiten 93—94.

[34] „A New System for Playing the Game of Nim", *D. P. McIntyre* in „American Mathematical Monthly", Vol. 49, 1942, Seiten 44—46.
[35] „Matrix Nim", *John C. Holladay* in „American Mathematical Monthly", Vol. 65, Nr. 2, Februar 1958, Seiten 107—109.
[36] „The Nimatron", *E. U. Condon* in „American Mathematical Monthly", Vol. 49, Nr. 5, Mai 1942, Seiten 330—332.
[37] „A Machine for Playing the Game Nim", *Raymond Redheffer* in „American Mathematical Monthly", Vol. 55, Nr. 6, Juni-Juli 1948, Seiten 343—350.
[38] „Digital Computer Plays Nim", *Herbert Koppel* in „Electronics", November 1952.
[39] „Win at Nim with Debicon", *Harvey Pollack* in „Popular Electronics", Januar 1958.

Henry Ernest Dudeney: Englands größter Rätselerfinder

Bücher von Dudeney:
[40] „The Canterbury Puzzles" 1907, neu herausgegeben von Dover Publications, Inc., 1958.
[41] „Amusements in Mathematics" 1917, neu herausgegeben von Dover Publications, Inc., 1958.
[42] „Puzzles and Curious Problems" 1931.
[43] „Modern Puzzles" 1926.
[44] „A Puzzle-Mine", herausgegeben von *James Travers,* ohne Datum.
[45] „World's Best Word Puzzles", herausgegeben von *James Travers*, 1925.

Artikel von Dudeney:
Rätsel und Artikel von *Dudeney* befinden sich in zahlreichen englischen Zeitungen und Magazinen: In „The Strand Magazine" erschien 20 Jahre lang seine Spalte „Perplexities".
[46] „Cassel's Magazine", „The Queen", "The Weekly Dispatch", „Tit-Bits", „Educational Times", „Blighty" und andere.
Die beiden folgenden Artikel sind von besonderem Interesse:
[47] „The Psychology of Puzzle Crazes" in „The Nineteenth Century", Vol. 100, Nr. 6, Dezember 1926, Seiten 868—879.
[48] „Magic Squares" in „The Encyclopaedia Britannica", 14. Auflage.

Bücher über Dudeney:
[49] Vorwort von *Alice Dudeney* zu dem Buch ihres Mannes „Puzzles and Curious Problems", welches unter [42] erwähnt wurde.
[50] „The Puzzle King: An Interview with Henry E. Dudeney", Fenn Serie in „The Strand Magazine", Vol. 71, April 1926, Seiten 398—404.
Eine kurze Biographie von *Alice Dudeney*, die zu ihrer Zeit berühmter war als ihr Mann *Henry*, befindet sich im britischen
[51] „Who Was Who".
[52] „A Further Note on Dissecting a Square into an Equilateral Triangle", *Chester W. Hawley* in „The Mathematics Teacher", Februar 1960.

Neunerreste

[53] „Doctor Daley's Thirty One", *Jacob Daley* in „The Conjurer's Magazine", März und April 1945.

[54] „The Game of Thirty One", *George G. Kaplan* in „The Fine Art of Magic", Fleming Book Company, York, Pennsylvania, 1948, Seiten 275—279.

[55] „Remembering the Future", *Stewart James*, Sterling Magic Company, Royal Oak, Michigan, 1947.

[56] „Magic with Pure Numbers", *Martin Gardner* in [28].

Neun Probleme

[57] „Figures for Fun", *Yakov Perelman*, Moskau 1957.

[58] „Question Time", *Hubert Phillips*, Farrar and Rinehart, Inc., 1938.

[59] „Encyclopedia of Puzzles and Pastimes", *Clark Kinnaird*, 1946.

[60] „American Mathematical Monthly", Dezember 1948, Seite 640.

Unterhaltsame Topologie

[61] „On the Tracing of Geometrical Figures", *J. C. Wilson*, Oxford University Press, 1905.

[62] „Puzzles Old and New", Prof. *Hoffmann* (Pseudonym für *Angelo Lewis*), Frederick Warne and Co., 1893.

[63] „Judah Pencil, Straw and Shoestring", *Stewart Judah*. Ein vier Seiten langes Schreibmaschinen-Skript ohne Datum, welches von *U. F. Grant*, einem Zauberhändler aus Columbus, Ohio, veröffentlicht wurde.

Der Affe und die Kokosnüsse

[64] „Monkeys and Coconuts", *Norman Anning* in „The Mathematics Teacher", Vol. 54, Nr. 8, Dezember 1951, Seiten 560—562.

[65] „Solution to Problem 3242", *Robert E. Moritz* in „American Mathematical Monthly", Vol. 35, Januar 1928, Seiten 47—48.

[66] „The Generalized Coconut Problem", *Roger B. Kirchner* in „American Mathematical Monthly", Vol. 67, Nr. 6, Juni-Juli 1960, Seiten 516—519.

[67] „The Problem of the Dishonest Men, the Monkeys, and the Coconuts", *Joseph Bowden* in „Special Topics in Theoretical Arithmetic", Seiten 203—212. Privat für den Autor gedruckt von Lancaster Press, Inc., Lancaster, Pa., 1936.

Irrgärten

Geschichte und Theorie:

[68] „Mazes and Labyrinths", *W. H. Matthews*, Longmans, Green and Co., 1922.

[69] „An Excursion into Labyrinths", *Oystein Ore* in „The Mathematics Teacher", Mai 1959, Seiten 367—370.

[70] „The Labyrinth of New Harmony", *Ross. F. Lockridge*, New Harmony Memorial Commission, 1941.

[71] „Mazes and How to Thread Them" ein Kapitel in [41].

[72] „The Labyrinth of London", „The Strand Magazine", Vol. 35, Nr. 208, April 1908, Seite 446. Eine Wiedergabe eines alten Londoner Stadtplan-Irrgartens,

aufgrund dessen man seinen Weg von Waterloo Road bis zur St. Paul's Cathedral finden kann, ohne irgendwelche Straßenhindernisse zu kreuzen.

Irrgarten-lösende Rechengeräte:

[73] „The Maze Solving Computer", *Richard A. Wallace* in „The Proceedings of the Association for Computing Machinery", Pittsburgh, Mai 1952, Seiten 119—125.

[74] „Presentation of a Maze-Solving Machine", *Claude E. Shannon* in „Cybernetics: Transactions of the Eighth Conference", März 15—16, 1951, Seiten 173—180, herausgegeben von *Heinz von Förster*, Josiah Macy, Jr. Foundation, 1952.

[75] „A Machine with Insight", *J. A. Deutsch* in „The Quarterly Journal of Experimental Psychology", Vol. 6, Teil I, Februar 1954, Seiten 6—11.

Irrgarten Probleme:

[76] „Mazes and Labyrinths: A Book of Puzzles", *Walter Shepherd*, Dover Publications, Inc., 1961. Fünfzig ungewöhnliche Irrgärten aller Arten. Der Autor beschäftigt sich eingehend mit verschiedenen psychologischen Möglichkeiten (darunter auch sexuelle Symbole!), durch die der kluge Hersteller von Irrgärten einen dazu führen kann, falsche Wege einzuschlagen. Keine Diskussion der mathematischen Theorie, aber eine einmalige Sammlung von schwierigen Irrgarten-Problemen.

[77] „Récréations mathématiques" Band 1 von *Edouard Lucas*, 1882.

Unterhaltsame Logik

[78] „101 Puzzles in Thought and Logic", *Clarence Raymond Wylie*, Jr., Dover Publications, Inc., 1957.

[79] „Eddington's Probability Paradox", *H. Wallis Chapman* in „The Mathematical Gazette", Vol. 20, Nr. 241, Dezember 1936, Seiten 298—308.

[80] „An Experiment in Symbolic Logic on the IBM 704", *John G. Kemeny*, Rand Corporation Report P-966, 7. September 1956. *Kemeny* erklärt, wie das Rechengehirn programmiert wurde, um *Lewis Carrolls* Problem zu lösen. Dieses Problem erscheint nicht in *Carrols* Veröffentlichungen, sondern in 81.

[81] „Statement and Inference", von *John Cook Wilson*, Band 2, Oxford University Press, 1926, Seite 638. *Wilson* gibt keine Lösung an. Das Problem wurde zum ersten Mal von *L. J. Russell* gelöst, der dabei die Formelschreibweise der symbolischen Logik verwandte.

[82] „A Problem of Lewis Carroll" in „Mind", Vol. 60, Nr. 239, Juli 1951, Seiten 394—396.

[83] „Symbolic Logic and the Game of Logic", *Lewis Carroll*, Dover Publications, Inc., 1958.

Wahrscheinlichkeit und Mehrdeutigkeit

[84] „Choice and Chance", *William Allen Whitworth*, Hafner Publishing Co., 1951.

[85] „An Introduction to Probability Theory and Its Applications", *William Feller*, John Wiley and Sons, Inc., 1957.

[86] „What are the Chances?", *Eugene P. Northrop* in „Riddles in Mathematics", D. Van Nostrand Co, Inc., 1944, Seiten 166—195.

[87] „Probability Theory", *John G. Kemeny, J. Laurie Snell* und *Gerald L. Thompson* in „Introduction to Finite Mathematics", Kap. 4, Prentice-Hall, Inc., 1957.

[88] „Mathematics of Physics and Modern Engineering", *R. M. Redheffer* und *Ivan S. Sokolnikoff*, McGraw-Hill, 1958, Seite 636.

[89] „Ingenious Mathematical Problems and Methods", *L. A. Graham*, Dover Publications, Inc., 1959, Problem 32.

Ergänzende Literatur

Edouard Lucas, Récréations mathématiques, 2. Aufl. 1960.

Claude-Gaspar Bachet, Problèmes plaisants & délectables, 5. Aufl. 1959. Es handelt sich hierbei um Nachdrucke zweier klassischer Bücher, die zuerst 1891 bzw. 1612 erschienen sind. Verlag A. Blanchard, Paris.

P. G. J. Vredenduin, Vijfentachtig wiskundige puzzels, Verlag Noordhoff, Groningen, 1964.

W. Ahrens, Mathematische Unterhaltungen und Spiele I, II, 1918.

Hermann Becker, 150 Denkaufgaben, erster und zweiter Teil, Kesselringsche Verlagsbuchhandlung, Wiesbaden, 1955.

E. B. Dynbin und *W. A. Uspenski*, Mathematische Unterhaltungen, 3 Hefte.
I. Mehrfarbenprobleme
II. Aufgaben aus der Zahlentheorie
III. Aufgaben aus der Wahrscheinlichkeitsrechnung
Übersetzungen aus dem Russischen. Deutscher Verlag der Wissenschaften, Berlin, 1955/1965.

Bernhard Gündel, Pythagoras im Urlaub, Diesterweg, Frankfurt/M., 1958.

E. Lasker, Brettspiele der Völker (Rätsel und mathematische Spiele), Berlin, 1931.

Walter Lietzmann, Lustiges und Merkwürdiges von Zahlen und Formen, 9. Aufl., Vandenhoeck & Ruprecht, Göttingen, 1961.

Karl Menninger, Mathematik in deiner Welt, 2. Aufl., Vandenhoeck & Ruprecht, Göttingen, 1958.

Karl Menninger, Ali Baba und die 39 Kamele, 9. Aufl., Vandenhoeck & Ruprecht, Göttingen, 1964.

Herbert Meschkowski, Ungelöste und unlösbare Probleme der Geometrie, Friedr. Vieweg & Sohn, Braunschweig, 1960.

E. Northrop, Rätselvolle Mathematik, 1954.

R. Sautter, Kurioser Denksport aus fünf Jahrtausenden, Falkenverlag E. Sicker, Berlin.

Hermann Schubert, Mathematische Mußestunden, de Gruyter & Co., Berlin, 1964.

Walter Sperling, 1000 kleine Wunder, A. Müller Verlag, Rüschlikon-Schweiz, 1939.

Hugo Steinhaus, Kaleidoskop der Mathematik (Übersetzungen aus dem Amerikanischen bzw. Polnischen), Deutscher Verlag der Wissenschaften, Berlin, 1959.

R. Vogelsang, Die mathematische Theorie der Spiele, Ferd. Dümmler, 1963.

Karl Wellnitz, Klassische Wahrscheinlichkeitsrechnung, 4. Aufl., Friedr. Vieweg & Sohn, Braunschweig, 1965.

Karl Wellnitz, Moderne Wahrscheinlichkeitsrechnung, 2. Aufl., Friedr. Vieweg & Sohn, Braunschweig, 1966.

Karl Wellnitz, Kombinatorik, 4. Aufl., Friedr. Vieweg & Sohn, Braunschweig, 1965.

Zeitschrift „Praxis der Mathematik", Probleme zur Unterhaltungsmathematik. Darin die Aufsätze

Schneider, Das magische Neunfelder-Quadrat, PM 1, S. 160, 1959.

Liermann, Ein Spiel, mengentheoretisch gesehen, PM 4, S. 253, 1962.

Dallmann, Kartenmischen, PM 4, S. 287, 1962.

Fried, Eine Wahrscheinlichkeitsbetrachtung mit überraschendem Ergebnis, PM 6, S. 85, 1964.